新装
復刊

パリティブックス　パリティ編集委員会 編（大槻義彦責任編集）

いまさら
エントロピー？

杉本大一郎 著

丸善出版

本書は，1990年に発行したものを，新装復刊したものです．

目　次

1　いまさらエントロピー?

太陽を暖める?

太陽からは六〇〇〇Kの黒体放射（ふく射）がきている。それを反射鏡で集めて高温をつくる装置は太陽炉とよばれる。理想的な炉を地球大気圏のすぐ外に設置したとして、最高で何度の温度がつくりだせるであろうか。

熱力学第二法則ないしはエントロピー増大の法則を知っている人は、ただちに六〇〇〇Kと答えるであろう。ほかになんらの影響も残さないで、熱を低温のところから高温のところに運ぶことはできないからである。もし太陽炉でより高温をつくることができたら、それでもって太陽を暖める

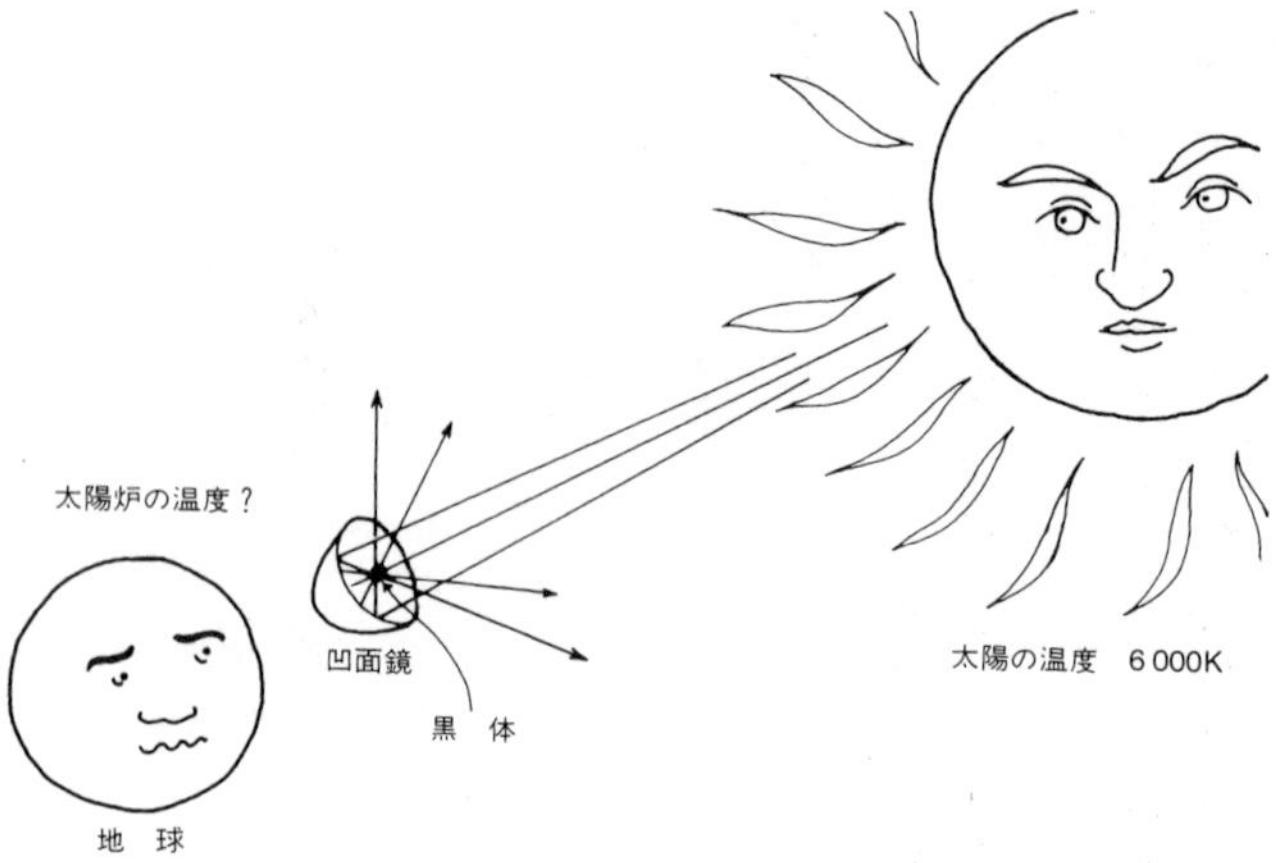

▲図１ 太陽光線のひろがりは，エントロピーと関係がある．

ことができる。そして、暖められた太陽の放射を使って、さらに高い温度をつくることができることになる。そんなばかなことができないことは、すぐにわかる。

エントロピー増大の法則を知らない人は同じ問題をどのように考えるであろうか。凹面鏡を使うと、光はその焦点に集められる。そこに黒体を置くとその温度は次第に上がるであろう。逆に、黒体はシュテファン‐ボルツマンの法則にしたがって、温度の四乗に比例した黒体放射を放出して冷える。そして、両者が釣り合うところで、黒体の温度が決まることになる。

ここで、より大きい凹面鏡を使えば、より多くの太陽光線が集められ、黒体の温度より高いところで釣り合って、六〇〇〇K以上が得られると思うかもしれない。しかし、そうはいかない。それでは、この考えのどこがいけないのであろうか。

よく考えてみると、光が完全に凹面鏡の焦点に集められるのは、入射光が完全な平行光線のときだけである。実際の太陽は有限の大きさをもち、地球は太陽から有限の距離にあるから、太陽光線は完全な平行光線ではない。そこで光線は一点には集まらず、有限の大きさの像をつくることになる。そのあたりの事情をよく考えて計算すると、大きい凹面鏡を使っても六〇〇〇Kの温度しか得られないことがわかる。

この事情は、ある意味では不思議なことである。エントロピー増大の法則を考えたとき、凹面鏡の幾何光学も、光線の平行性のことも、なんら直接には考慮しなかったのに、そのような事柄の影響が、いつのまにか繰り込まれている。熱力学の法則はずいぶん広い適用性をもっているようである。そして、詳しい議論をしなくても、正しい答えがわかってしまうという、ふしぎな性質をもっている。

へたに使うと混乱する

しかし、薬は往々にして毒になる。詳しい議論をしない場合には、間違った適用をしても気づかないことが多い。このことはまた、熱力学とくにエントロピー増大の法則のわかりにくさとも関係している。

自然科学の好きな人には、二つのタイプがあるように見える。一つは、物に密着した発想法を得意とする人たちである。もう一つは、数式で表現したほうがよくわかるという人たちである。ところが熱力学の体系は、もの的かと思うと、抽象的な面も含んでいる。そうかといってほかの物理学ほどには、きれいな体系でないように見える。こうして、どちらのタイプの人にも中途半端に映るらしい。

こういうわけだから、熱力学、とくにエントロピーに関係したことでは、混乱が後をたたないようである。このことに関連して、最近、私はいろいろな経験をした。そのきっかけは中公新書七七四に『エントロピー入門—地球・情報・社会への適用—』という本を書いたことに始まる。ことエントロピーに関する限り、いろいろの専門の人が、それぞれ異なる発想法、異なるイメージで物事を論じている。そして、思わぬ発想法に基づいたコメントをしてくださった。

最初から非平衡・開放系を

同時にわかったことは、熱力学という学問、とくにエントロピーに関係したことは、全部がよくわかるか、それともほとんどわからないかの、どちらかしかないということである。全体がセットになってしかわからないのは、以下の理由によるらしい。

ふつうの熱・統計力学のコースでは、まず平衡状態の熱力学が教えられる。そして、最初は、閉じた系の熱力学である。ついで、熱やエネルギーの出入りが扱われる。要するに、開放系である。平衡状態で考えているから、出入りは、準静的に起こるものとする。たとえば、ピストンは準静的に押され、系に仕事が与えられる。準静的な断熱圧縮では、系のエントロピーは一定値に留まる。

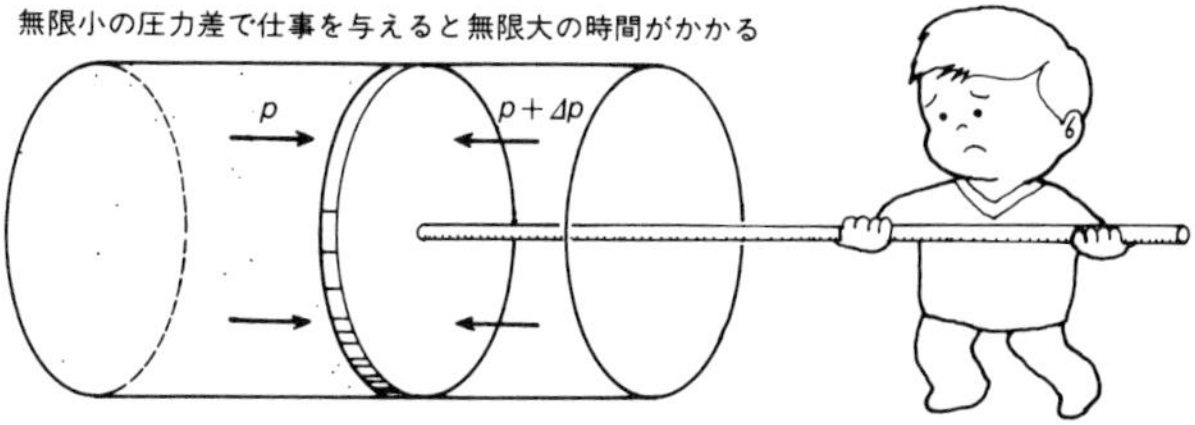
無限小の圧力差で仕事を与えると無限大の時間がかかる
p
p + Δp
さて，生成されるエントロピーの量は有限になるのだろうか？

▲図２　準静的圧縮．かかる時間は，$1/\Delta p$ に比例する．

このとき、次のような疑問が起こるに違いない。ピストンが押されるためには、ピストンの内と外との間に圧力の差がなければならない。圧力の差が無限小でも、対応する非平衡が存在し、それに伴ってエントロピーが生成、増大するはずである。そして、無限小の圧力差で仕事を与えるとき、ある有限の体積分だけ圧縮するには、無限大の時間がかかる。無限小のエントロピー生成が無限大の時間だけ続いたとき、生成されるエントロピーの量は有限になるのであろうか。

この疑問に対する答えは、平衡状態の近傍で考える限り、準静的に有限量の変化を起こしてもエントロピーの生成量は無限小にしかならないということである。そのことと、平衡状態とは何かという問題とは、直接の関係がある。このようなことを正しく理解してもらうためには、非平衡熱力学の話もしなければならない。

ついで出てくる問題に、反応を含む系の熱力学がある。準静的な反応でない限り、反応は非可逆過程であり、それに伴ってエントロピーが生成される。全系（熱浴も含めて）がいくつかの部分系からなっていて、それぞれの間が熱平衡にない場合には、それぞれの間にエネルギーが非可逆的に流れ、それに伴ってエントロピーが輸送されたり、生成されたりする。一つの系のなかでも、化学組成の異なる成分があると、それらの間は熱平衡にあるとは限らない。さきに述べた、化学反応が有限の速さで起こっているときなどは、その例である。これらの場合には、それぞれの部分系やそれぞれの成分は開放系にもなっているわけである。

このように考えると、ふつうにやられているのとは違って、最初から、開放系で非平衡にあり、非可逆過程が起こっているものを考えるほうが、かえってわかりやすいのではないかと思われる。

この講座でも、そのように考えていこう。そうすれば、いろいろとおもしろい応用も開けてくる。話はふつうの熱力学に現れる対象から空間的に構造をもつ連続体、生命、地球、天体、宇宙に及ぶつもりである。このように幅広くいろいろな問題を考えておくことは、エントロピーを深く理解するためにも、きわめて大切である。もちろん、統計力学や情報理論などの問題にも必要に応じてふれる。これらも、それぞれ別々に述べた教科書はあるから、本書では、むしろ熱力学の話と融合してとり扱おう。そのほうが、それらの相互関連がわかってよい。

このように話を進めるために、どうしてもわかっておかなければならないものとして、状態量という概念がある。熱力学には、たとえば温度と密度のように、二つ以上の独立変数があるので、話がわかりにくくなっている。状態量という概念を理解することは、二分法以上の論理学を身につけることでもある。次章はその問題からはじめよう。

2　二次元を一次元的に

白黒をつける

西欧人はイエス・ノーをはっきり言う。これは古代ギリシャに始まる二分法の論理をもつ文明だからである。しかし、世の中のすべてのものが二つに分けられるとは限らない。白と黒があるときには、灰色もある。それらを一次元的に並べると、連続的に変わる量に関する論理をつくることができ、一変数の関数で表される。しかし、これもある点を境にして左と右に分けると、二分法になる。私たちはそのような二値論理で物事を考え、分類することになれている。

これに対し、熱力学的な問題では独立変数は少なくとも二つ現れる。たとえば、温度と密度である。箱に入っているガスを考えるときには、密度のかわりに箱の体積にしてもよい。これら二つの独立変数を、さしあたりxとyで表そう。状態はxとyで指定されるから、x-y平面の上で物事を考えることができる。

さて、図3のA点からB点に行き、再びA点に帰ってくることを考えよう。一次元の問題では、行きと帰りは必ず同じ道を通る。これに対し、二次元の問題では、A点とB点を結ぶ道はいろいろある。一般的には、行きと帰りは異なる道を通ると考えなければならない。選択の自由が増えるわけである。東洋では、このことを指して、多値論理的にいろいろな道があることを強調する。これに対し、西洋の論理はこの二次元問題を一次元的な論理に帰着させる方法をもっている。エントロピーはそのようにして導入される概念なのである。

まず問題になるのは、そのまま一次元の論理に帰着されるものと、そのままでは帰着されないものとに分類することである。

状態を点 (x, y) から、その近傍の点 $(x+\mathrm{d}x, y+\mathrm{d}y)$ に移動したとき、それに伴って起こる変化を$\mathrm{d}z$で表そう。たとえば、系に熱が$\mathrm{d}z$ぶんだけ入って、温度と密度が$\mathrm{d}x$と$\mathrm{d}y$だけ変わったと考えてもよい。それは、

$$\mathrm{d}z=P(x, y)\mathrm{d}x+Q(x, y)\mathrm{d}y$$

と表される。ここで点Aから経路aに沿ってBまで達し、Bから経路bに沿ってAに戻ったとして、$\mathrm{d}z$の積分を考える。この経路は正の方向(反時計まわり)によるものとし、それによって囲

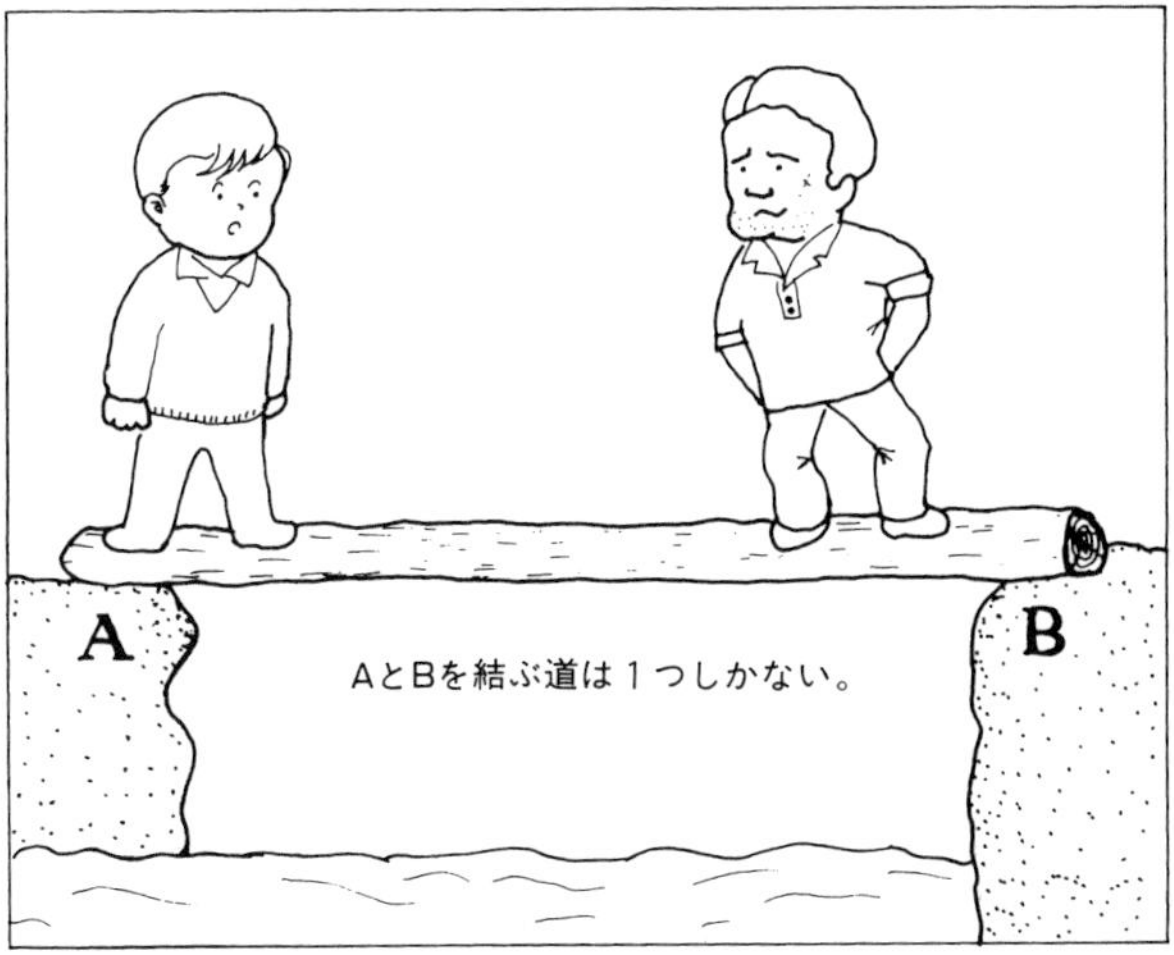

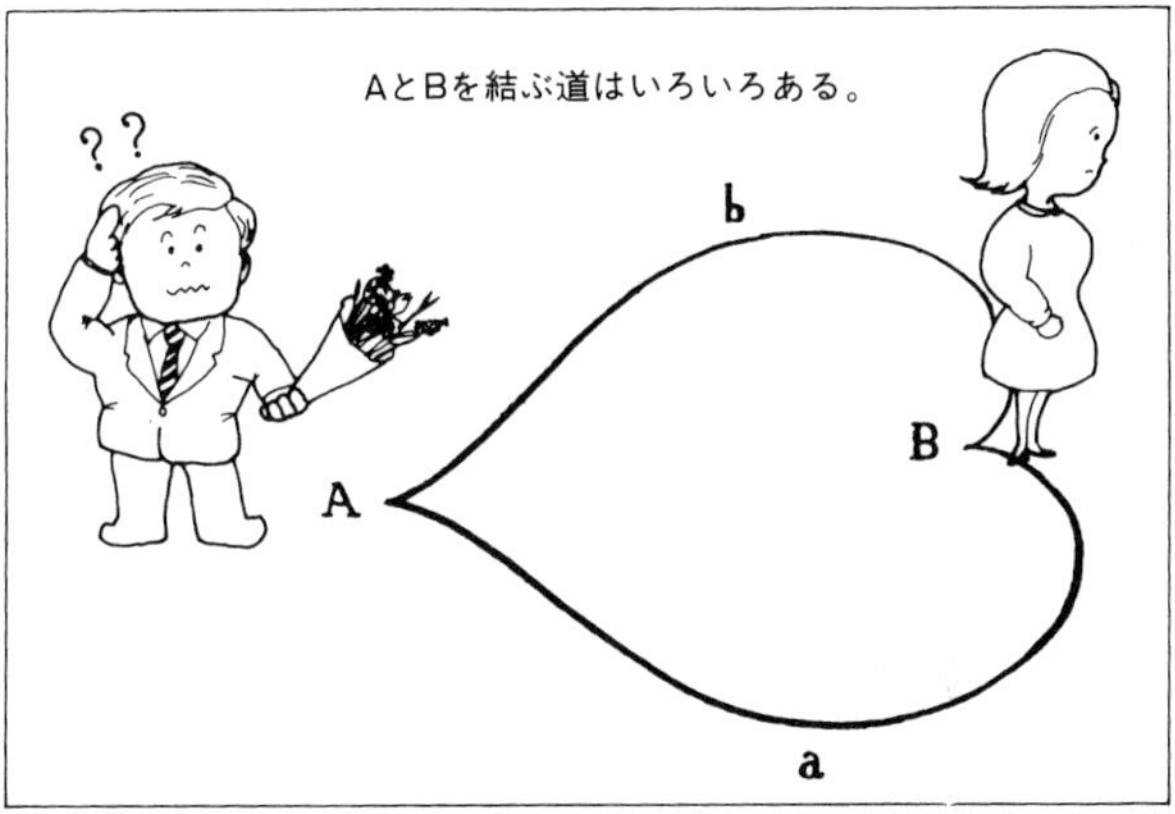

▲図３　１次元空間での往復と２次元空間での往復

まれる面積をSで表すと、

$$\oint dz=\oint(Pdx+Qdy)=\int_S[(\partial Q/\partial x)-(\partial P/\partial y)]dxdy$$

の関係がある。これはグリーンの定理、もしくは電磁気学に出てくるストークスの定理のz成分だけを書いたものである。たとえば、$P=-y$, $Q=x$ のとき、この積分が面積Sの二倍になることは容易に確かめることができる。

　さて、問題にしている領域のどこでも$[(\partial Q/\partial x)-(\partial P/\partial y)]=0$なら、$dz$を閉曲線に沿って積分したものはゼロになる。三次元でストークスの定理的に言うなら、(P, Q, R)というベクトルのcurlがゼロ（curl-freeまたはrotation-freeという）なら、そのようになると言ってもよい。この場合、dzをAからBまで積分するときに、経路aに沿っても、bに沿っても、したがって経路にかかわらず、積分値は同じになるというわけである（ある経路に沿ってAからBへ積分した値と、同じ経路に沿ってBからAに戻ったときとでは、積分値は符合が異なるだけであることに注意せよ）。

　こうして、A点においてzの値が定義されているとすれば、他の点における値も一意的に決まることになる。すなわち、zは（x, y）の関数として表現できる。このとき、

$$P=\partial z/\partial x,\quad Q=\partial z/\partial y$$

が成り立っていて、dzは完全微分であると言われる。そして、xとyの値によって指定される状

態に対応してzという量が定まっているから、zは状態量だとよばれる。

エントロピーは状態量

熱力学的な系の例として、体積Vの箱に入ったガスを考える。その内部エネルギーをU、圧力をpで表す。系に流入した熱量を dQ で表すと、

$$dQ=dU+pdV$$

の関係があり、これは「熱力学第一法則」とよばれる。エネルギー保存則だといってもよい。

ところでこの dQ は完全微分ではない。すなわち、熱量は状態によって定義できるものではなく、微小な状態変化に伴って出入りする量として記述できるだけなのである。

このことは、実用的な熱機関を考えるときにきわめて大切な点である。ピストンを考えるとわかるように、熱機関は一サイクルごとに同じ状態に戻る。だからいつまでも動作を繰り返すことができるのである。熱機関に現れる物理量がすべて状態量ばかりだったとすると、一サイクルまわったあとには何の変化も残らない。それでは困るのである。一サイクルまわって、熱が仕事に変わるためには、少なくとも、状態量でないものが含まれていなければならないことになる。それが、熱 dQ と仕事 pdV の出入りだったのである。

しかし、理論を構成するうえでは、そのような量はきわめて不便である。熱の出入りは経路によるのだから、現在の状態だけでなく、そのよってきた歴史も知らなければならない。もっとうまい

方法はないものであろうか。

そこで使えるのが、完全微分式でないものに積分因数ないしは積分分母とよばれるものを導入して完全微分式に書きかえるという手法である。たとえば、さきに面積を求めたときの $\mathrm{d}z$ は、それを xy で割ることによって、

$$(1/xy)\mathrm{d}z=(-y\mathrm{d}x+x\mathrm{d}y)/xy=-\mathrm{d}x/x+\mathrm{d}y/y=-\mathrm{d}\ln(x/y)$$

という完全微分式になる。二次元の論理を一次元的に扱えるようにしたわけである。同じように、熱力学第一法則を温度Tで割って、

$$\mathrm{d}S=\mathrm{d}Q/T=\mathrm{d}U/T+(p/T)\mathrm{d}V$$

と表してやればよい。ここでSのことをエントロピーとよぶ。

理想気体の場合には、$pV=nRT$（nはモル数、Rは気体定数）という状態方程式と、UはTに比例するという事実をつかうと、$\mathrm{d}S$ は完全微分であることがわかる。より一般の場合にも完全微分になるのかという問題は、熱力学の教科書で見てもらうことにしよう。ここでは、熱平衡を保ちながらゆっくりと（準静的に）変化させたときにそうなるのだと思っておいてほしい。なお、Tで割算をしたのだから、Tのゼロ点が問題になる。このようにして、絶対温度が導入されるわけである。

こうして、状態量としてのエントロピーという概念が導入されるわけではあるが、このこと自身は熱力学第一法則の別の表現にすぎない。熱力学第二法則ないしはエントロピー増大の法則は

る。「dS は dQ/T に等しいか、それよりも大きい」ということなのである。その内容は次章で説明す

さきに dQ/T を dS に等しいと置いてエントロピーを導入したのに、そのすぐあとで、これらが違うなどと言うのは何事か、と思う人があるかもしれない。しかしこれは、物理学をつくっていくふつうのやり方である。ある限定された場合について新しい概念を導入し、ついでそのときの条件を越えて拡張していく。科学の弁証法的展開である。

上でエントロピーを導入したとき、その差 dS だけを考えた。実際、古典的な熱力学の範囲内ではエントロピーの差だけしか理論に現れないから、それで良いわけである。しかし、統計力学や量子論にまで範囲を広げる際に、「絶対温度がゼロのときにエントロピーはゼロである」とすると、整合性のある理論体系をつくることができる。これは、熱力学第三法則とよばれる。単なる約束事にみえるかもしれないが、その中には、温度がゼロのときにはエントロピーは密度ないしは箱の体積にはよらないということが含まれているのである。こうして、ゼロ点が決まると、状態さえ指定すればエントロピーはその絶対値まで決まり、ますます状態量としての体裁が整うことになる。

3 エントロピーは生み出される

理想気体のエントロピー

体積Vの箱の中にN個の粒子からなる理想気体が入っているとする。理想気体とは、粒子どうしが衝突してエネルギー・運動量を交換する以外は、お互いになんらの相互作用もしないもののことである。温度をTとすると、そのエントロピーSは

$$S = kN\ln[ge^{5/2}(2\pi mkT)^{3/2}VN^{-1}h^{-3}]$$

である。ここで、k、h、mは、それぞれ、ボルツマン定数、プランク定数、粒子の質量である。また、gは粒子の統計的重みとよばれるもので、たとえば電子ガスについては、スピンの二つの向

きに対応して、$g=2$ となる。

この式で与えられるエントロピーの絶対値は熱力学第三法則を満たすようにとってあるので、いろいろな物理定数やe（自然対数の底）なども現れる。この式で $T\to0$ としても $S\to0$ にならないと言われるかもしれない。実際は、温度がゼロのときには、ガスは量子力学で記述される。たとえば電子ガスでは、その縮退も考慮しなければならない。そこでまず量子力学的な式を書き、温度が高くて古典的理想気体とみなされる極限をとると、さきの式が得られる。理想気体の状態方程式および温度と内部エネルギーの関係を使って $TdS=dU+pdV$ を積分しても同様な式が得られるが、この場合には、エントロピーの付加定数は決まらない。

エントロピーの意味

この式をみると、いろいろなことに気づく。対数の部分は一の程度の大きさだから、エントロピーの大きさは、kを単位にして測ると、粒子の個数程度である。

ついで、対数の中身を見よう。それはgに比例していることからわかるように、エントロピーは自由度や状態の数に関係する。量子力学的に考えると状態の数はVに比例するので、Vはgと同じように入っている。粒子の平均エネルギーはTに、したがって平均運動量は $T^{1/2}$ に比例するから、運動量空間の体積は $T^{3/2}$ に比例する。配位と運動量で決まる六次元の位相空間（μ空間という）の体積は、$VT^{3/2}$ に比例し、それが対数項の中に入っている。

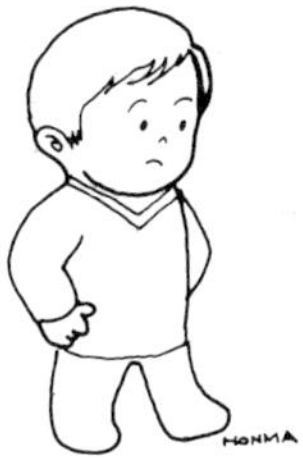

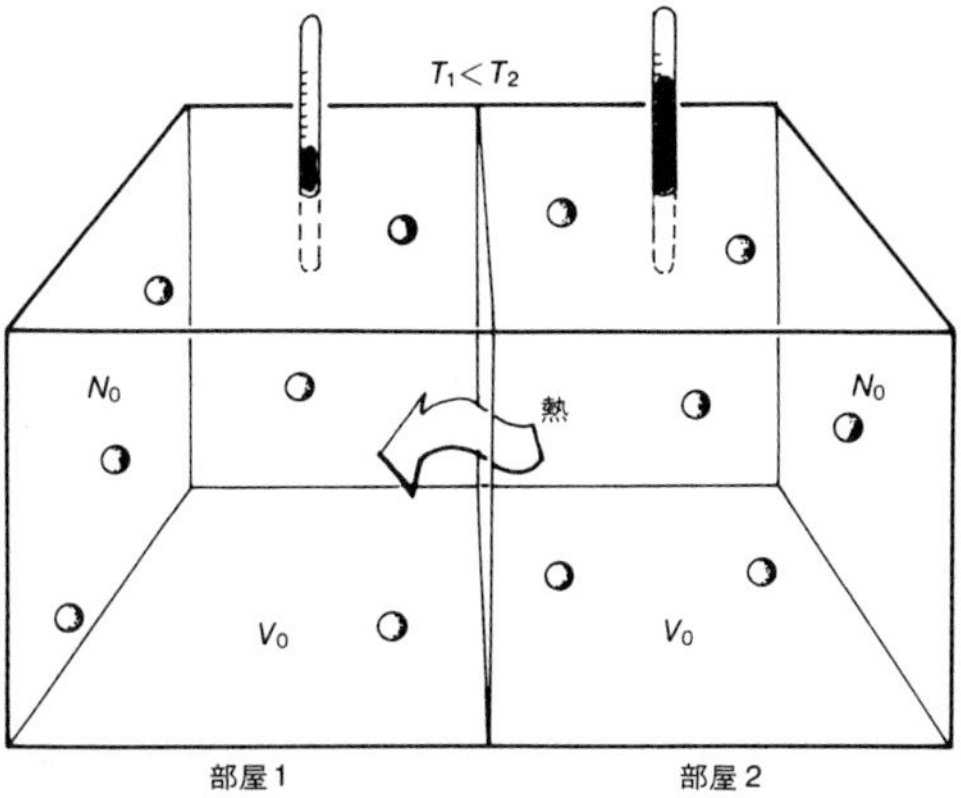

▲図4　2つの部屋の温度が違うと非平衡

このような観点でいくつかの過程を見てみよう。ガスを準静的に断熱圧縮すると、エントロピーは、したがって、位相空間で占める体積は一定に留まる。圧縮によって配位空間では縮むが、温度が上がるので、運動量空間では広がるのである。これに対し、ガスが真空中に向かって広がるときには、仕事をしないので温度は変わらず、運動量空間での体積は変わらない。それでも、配位空間の体積は増えるので、エントロピーは増大することになる。

熱伝導という非可逆過程

図4に示したような二つの部屋にしきられた箱を考える。それぞれの

部屋の体積はともにV_0で一定、それぞれにN_0個の粒子が入っている。温度は異なり、T_1とT_2($T_1 < T_2$)だとする。部屋一と二は、熱容量の無視できる動かない壁で仕切られているとする。そのまま放置すると、熱伝導によって熱平衡状態が達成され、二つの部屋のガスの温度は等しく、$T_0=(T_1+T_2)/2$になる。

最初の状態の全エントロピーは

$$kN_0\ln[AT_1^{3/2}V_0/N_0]+kN_0\ln[AT_2^{3/2}V_0/N_0]$$

であったが、熱平衡状態では、

$$2kN_0\ln[AT_0^{3/2}V_0/N_0]$$

である。ここで定数をまとめてAと表した。両者の差から、この熱伝導によって、エントロピーが

$$\Delta S=(3/2)kN_0\ln(T_0^2/T_1T_2)>0$$

だけ増大したことがわかる（この量が常に正であるのは、算術平均は幾何平均よりも常に大だからである)。非可逆過程によってエントロピーが生成されたのである。

エントロピーの流入と生成

部屋2から$\Delta Q=3kN_0(T_2-T_1)/4$だけ熱が流出し、同じだけの熱量が部屋1に流入したのであるが、どういう温度で流出・入したのであろうか。熱が流れているときの実際の温度分布は、図5に示したようになっている。そこで、近似的にT_1およびT_2とみなしてよいところを考え、それぞれ

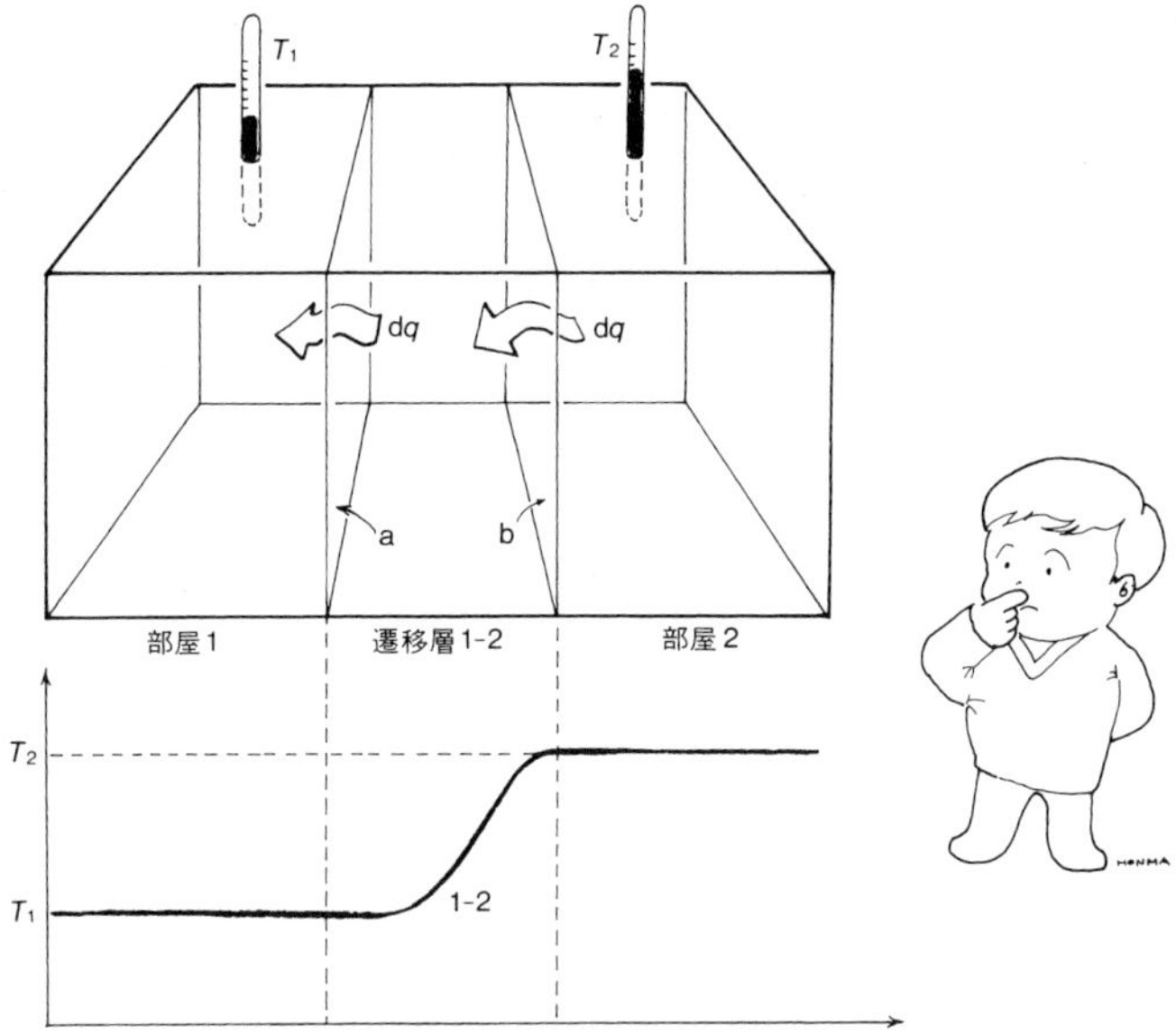

▲図5　遷移層とその内部の温度分布

の面をa、bと名づける。これらの面の間の領域を遷移層1-2とよぼう。

さて、全体を、部屋1、2、遷移層1-2の三つに分けると、面bを通る1-2への熱の流出と、面aを通る1への流入は、同じ温度のところへ熱が流れるのだから可逆的過程であり、エントロピーを生成しない。量的には、2から1へ流れた熱をdQとすると、2から流出したエントロピーはdQ/T_2（2に流入したエントロピーは$-dQ/T_2$）、1に流入したのはdQ/T_1である。

言いかえると、遷移層1-2に

流入したのは dQ/T_2 で、そこから流出したのは dQ/T_1 である。流入した熱量と流出した熱量が等しいときには、遷移層1-2の状態は時間的に変化しないので定常状態にあると言われる。(ただし、流出・入した熱量 dQ は1、2の温度に影響を与えないほどわずかだとする。) 1-2 の内部では温度差のあるところで熱が流れているので、非可逆過程が起こっているわけである。それによって生成されたエントロピーを d_iS で表すと、遷移層のエントロピー変化は、

$$dS_{1-2}=(1/T_2-1/T_1)dQ+d_iS$$

となる。遷移層 1-2 は定常状態にあることから、$dS_{1-2}=0$ であり、非可逆過程で生成されたエントロピーは

$$d_iS=(1/T_1-1/T_2)dQ>0$$

となる。そして、1-2 だけでなく、1、2も含めた全系を考えても、エントロピー変化の総和は d_iS に等しい。なお熱伝導によって T_1 も T_2 も時間とともに変わることを考慮し、温度が T_0 の熱平衡状態になるまでの d_iS を積分すると、先に述べた ΔS が得られる。

遷移層を考えないとき、同じことは次のように表現される。1を問題にしている開放系、2を熱源とよび、熱源から系に熱が dQ だけ流入するものとする。面bがその境目であるというのがよい。すると、系に流入するエントロピーは dQ/T_2 であり、温度差のあるところから熱が流入することによるエントロピー生成は d_iS である。その結果、系1のエントロピーは両者の和、すなわち、dQ/T_1 だけ増加することになる。このような言い方では、系のエントロピー変化は「系に流

入したもの」プラス「系内の非可逆過程によって生成されたもの」ということになる。

このような取り扱いは、連続体、すなわち温度、物質密度ρ、したがって単位質量当りのエントロピーs（比エントロピー、小文字の変数で表すのがふつう）が場の量、すなわち場所の関数になっている系に容易に拡張できる。一般に、非平衡・開放系は空間的構造をもつから、このような表現をしておくほうが便利である。その結果は、熱の流束（単位面積、単位時間当りに流れる熱、flux という）を$\boldsymbol{F}$で表すと、

$$\rho \mathrm{D}s/\mathrm{D}t+\mathrm{div}(\boldsymbol{F}/T)=\rho \mathrm{D}_{\mathrm{i}}s/\mathrm{D}t$$

になる。ここで、Dは流体力学でいうラグランジュ座標での微分を表し、流体の速度を$\boldsymbol{v}$とすると、$\mathrm{D}/\mathrm{D}t=\partial/\partial t+\boldsymbol{v}\cdot\mathrm{grad}$ である。

話を簡単にするために、系内で反応はないことにすると、エネルギー保存則は

$$\rho T\mathrm{D}s/\mathrm{D}t+\mathrm{div}\boldsymbol{F}=0$$

である。両式から

$$\rho \mathrm{D}_{\mathrm{i}}s/\mathrm{D}t=\boldsymbol{F}\cdot\mathrm{grad}(1/T)$$

という熱伝導によるエントロピー生成の式が得られる。

このようにして見ると、熱伝導によるエントロピー生成は、たんにエントロピーの出入りとエネルギー保存則を言い直したものであることがわかる。熱伝導以外によるエントロピー生成のメカニズムを知るためには、系内で起こっている反応なり、力学的エネルギーの散逸過程を調べなければ

ならない。

しかしながら、別の角度から物事を見ると、注意すべき点が浮かび上がってくることがある。たとえば、右の式を系全体にわたって積分してみる。すると、エントロピーの議論においては、系内におけるエントロピー生成と同様に、系の境界からの出入りも大切であることがわかる。

4 情報・統計・熱力学

情報理論におけるエントロピー

多くの教科書では、熱力学でエントロピーの概念を導入し、次いで統計力学との関係を述べ、さらに余裕があるときには情報理論との関係が述べてある。ここで、逆の順序にエントロピー概念を見なおして見るのも、理解を進めるのに役立つと思われる。

確率変数Xがあり、$X=x_i$という値をとる確率がp_i（$i=1, 2, \cdots, n$）に等しいとする。この事象系に付随するエントロピーの関数は、

$$H(X)=H(p_1,\ p_2,\ \cdots,\ p_n)=-\lambda\sum_{i=1}^{n}p_i\cdot\log p_i,\quad \lambda>0$$

と表され、次の性質をもっている。

（1）　$H(X)$ はどの p_i についても連続、

（2）　p_i がすべて $1/n$ に等しいときに最大値をとる、

（3）　X と Y との同時分布に対しては

$H(X,\ Y)=H(X)+H(Y\mid X)$、（その内容はすぐあとで説明する）、

（4）　不可能な事象を加えてもその値は変化しない、すなわち

$H(p_1,\ p_2,\ \cdots,\ p_n,\ 0)=H(p_1,\ p_2,\ \cdots,\ p_n)$。

ほかにもこれから誘導される性質があるが、エントロピー関数は（1）～（4）の性質をみたすものとして、一意的に決められる。なお、(3)では、$X=x_i$ かつ $Y=y_j$ となる確率が $p(x_i,\ y_j)$ である複合事象系を考える。そこで $X=x_i$ と決まったときに $Y=y_j$ になるという条件付確率を $p(y_j\mid x_i)$ で表し、条件付事象の平均エントロピーを

$$H(Y\mid X)=-\lambda\sum_{i}p(x_i)\sum_{j}p(y_j\mid x_i)\log p(y_j\mid x_i)$$

と表現した。これらの証明は情報理論の教科書にまかせることにして、ここではその意味を考えよう。以下では、$\lambda=1$ となるような単位系を使う。

事象iが起こったことを知らされたとき、得られた情報量は$I_i = -\log p_i$である。したがって、情報源Xからなんらかの情報が得られるとき、得られる情報量の期待値は$H(X)$、すなわち、情報源のエントロピーに等しい。

たとえば、p_1が1に近く、他は無視できるほど小さい場合を考えよう。このとき、エントロピーはゼロに近い。ほとんどいつでも$i=1$の場合が起こるので、情報源の状態は確定しているのに近く、そこから得られる情報量の期待値も小さいというわけである。逆に、どのiでも等しい確率で起こる場合には、上に述べた（2）の性質によって、エントロピーは高い。そのような情報源の状態はあいまいであり、ある事象が起こったということのもつ情報量は大きいことになる。

統計力学との関係

N個の粒子からなる系を考える。それぞれの粒子についてその位置と運動量がわかると、系の状態は一意的に決まる。N個の粒子の位置と運動量の成分は全部で$6N$個あるから、それらで張られる$6N$次元空間（Γ空間とよぶ）の一点によって系の状態は指定されると言ってもよい。Γ空間を細胞に分け、それぞれに番号iをつける。系が属する細胞の番号で指定される状態を、系のミクロな状態とよぶことにしよう。

実際問題では、系の状態はマクロにしか指定されていない。たとえば、系の全エネルギーがある値に等しかったり、全運動量がゼロになるように座標系がとってあったりする。系が熱平衡状態にないときには、どのように熱平衡からずれているか、などが指定される。これらをc個の条件式で表したとする。それらの条件のもとで系がとりうる状態の集合はΓ空間のうちの部分空間になるが、残されている自由度に対応して$6N-c$次元の超曲面上にあると言われる。しかし、先に述べたエントロピーの性質（4）によって、系がとりえなくて確率がゼロにあたる細胞を含めておいても、エントロピーの値は変わらない。そこで、そのような細胞も含めて、Γ空間全域について考えておくほうが簡単である。

さて、i番目の細胞にある確率をp_iで表すと、系のエントロピーは情報理論と同じく定義される。細胞の大きさはプランク定数の$3N$乗にとり、Γ空間の体積要素を

$$d\omega = d\boldsymbol{p}_1 d\boldsymbol{x}_1 d\boldsymbol{p}_2 d\boldsymbol{x}_2 \cdots\cdots d\boldsymbol{p}_N d\boldsymbol{x}_N$$

で表し、分布関数$\boldsymbol{F}$を$\int \boldsymbol{F} d\omega = 1$になるように定義すると、$p_i = F(i)\,h^{3N}$だから、エントロピー関数は

$$H = -\int F \cdot \log\,(Fh^{3N})\,d\omega$$

となる。

いっぽう、超曲面上の点を含む細胞の数をW^*とし、それらのどの状態も等しい確率で起こるとすると、$p_i = 1/W^*$となり、エントロピーは$H = \log\,W^*$と表されることも容易にわかる。

次いで、Γ空間での分布を各粒子に対するμ空間、すなわち六次元の位相空間での同時分布と

して考えよう。エントロピー関数の性質（3）に関連して、一般には $H(Y|X)\leqq H(Y)$ であり、等号は X と Y が独立であるときに成り立つことに注目すると、

$$H(X_1,\ X_2,\ \cdots,\ X_N)\leqq\sum_{k=1}^{N}H(X_k)$$

であることがわかる。

等号が成り立つ場合について、このことを分布関数の言葉に翻訳する。各粒子について独立、すなわち相関がないとし、それぞれの粒子について等しい事象系だと考える。各粒子に関する確率分布関数を $f^*(\boldsymbol{p},\ \boldsymbol{x})$ だとすると、

$$\boldsymbol{F}=f^*(\boldsymbol{p}_1,\ \boldsymbol{x}_1)f^*(\boldsymbol{p}_2,\ \boldsymbol{x}_2)\cdots f^*(\boldsymbol{p}_N,\ \boldsymbol{x}_N)$$

となり、エントロピー関数は

$$H=-N\iint f^*\log\,(f^*h^3)\,\mathrm{d}\boldsymbol{p}\mathrm{d}\boldsymbol{x}=-\iint f\log\,(fh^3/\mathrm{e})\,\mathrm{d}\boldsymbol{p}\mathrm{d}\boldsymbol{x}+N\log\,(N/\mathrm{e})$$

と表される。最右辺では、ふつうの分布関係の表し方にしたがって、

$$f=Nf^*,\qquad \iint f\,\mathrm{d}\boldsymbol{p}\mathrm{d}\boldsymbol{x}=N$$

とした。最右辺の第一項が統計力学でいうエントロピーである。たとえば、f にマクスウェル分布を代入して計算すると、k を単位とする理想気体のエントロピーの式（三章）が得られる。右の式

にh^3や自然対数の底eが入っているのは、前章に述べた意味でのエントロピーのゼロ点も考慮したからである。とくにeは最右辺の第二項の意味と関連している。最初にΓ空間で考えたとき、とりうるミクロな状態の数をW^*で表した。しかし、各粒子はすべて同等だとして区別しないことにすると、状態の数は$W=W^*/N!$としなければならない。これを$H=\log W^*$に代入し、スターリングの公式で近似すると、エントロピーは

$$S/k=\log W=H-N\log(N/e)=-\iint f\log(fh^3/e)\,d\boldsymbol{p}d\boldsymbol{x}$$

となる（ボース統計やフェルミ統計の場合については、後の章で述べる）。

熱力学との関係

上に述べたエントロピーは、分布関数fさえ与えると、系が熱平衡状態にあるかどうかにかかわらず定義でき、計算できる。それに対し、熱力学では、系の各成分粒子が運動量空間で、すなわちミクロに見て、熱平衡状態にあるときだけをとり扱う。そのような場合には、局所的に温度が定義でき、統計力学のエントロピーは熱力学でのエントロピーと同じものになる。

こうして、概念としては、情報のエントロピーはΓ空間で考えた統計力学のエントロピーとほぼ等価でもっとも広いものであり（図6）、その特別の場合として、μ空間で考えた統計力学のエントロピーがあり、さらに特別の場合として、熱力学のエントロピーが含まれていることになる。

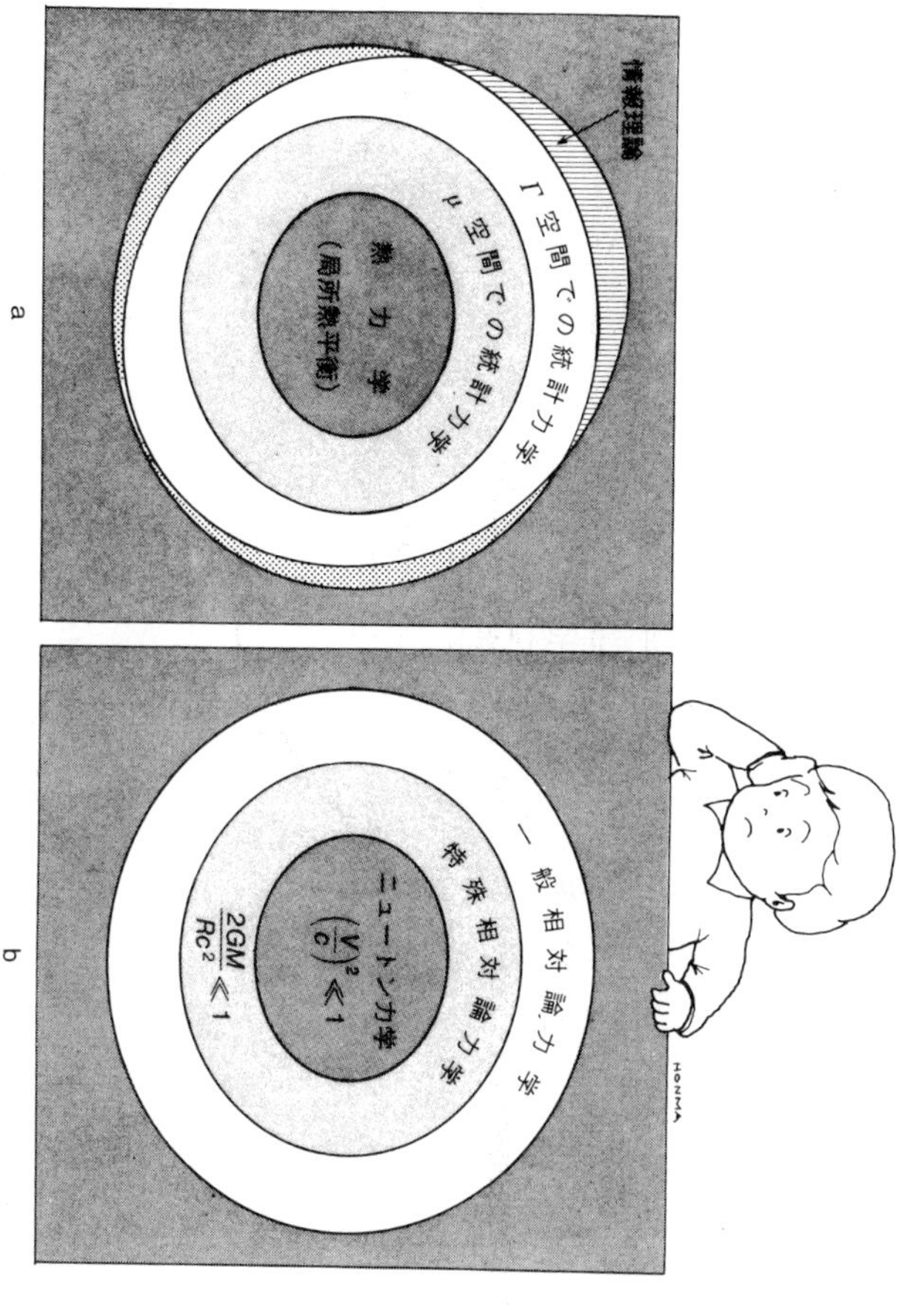
情報理論
Γ空間での統計力学
μ空間での統計力学
熱力学
(局所熱平衡)
a
一般相対論力学
特殊相対論力学
ニュートン力学
$\left(\frac{V}{c}\right)^2 \ll 1$
$\frac{2GM}{Rc^2} \ll 1$
b
HONMA

▲図6 概念として

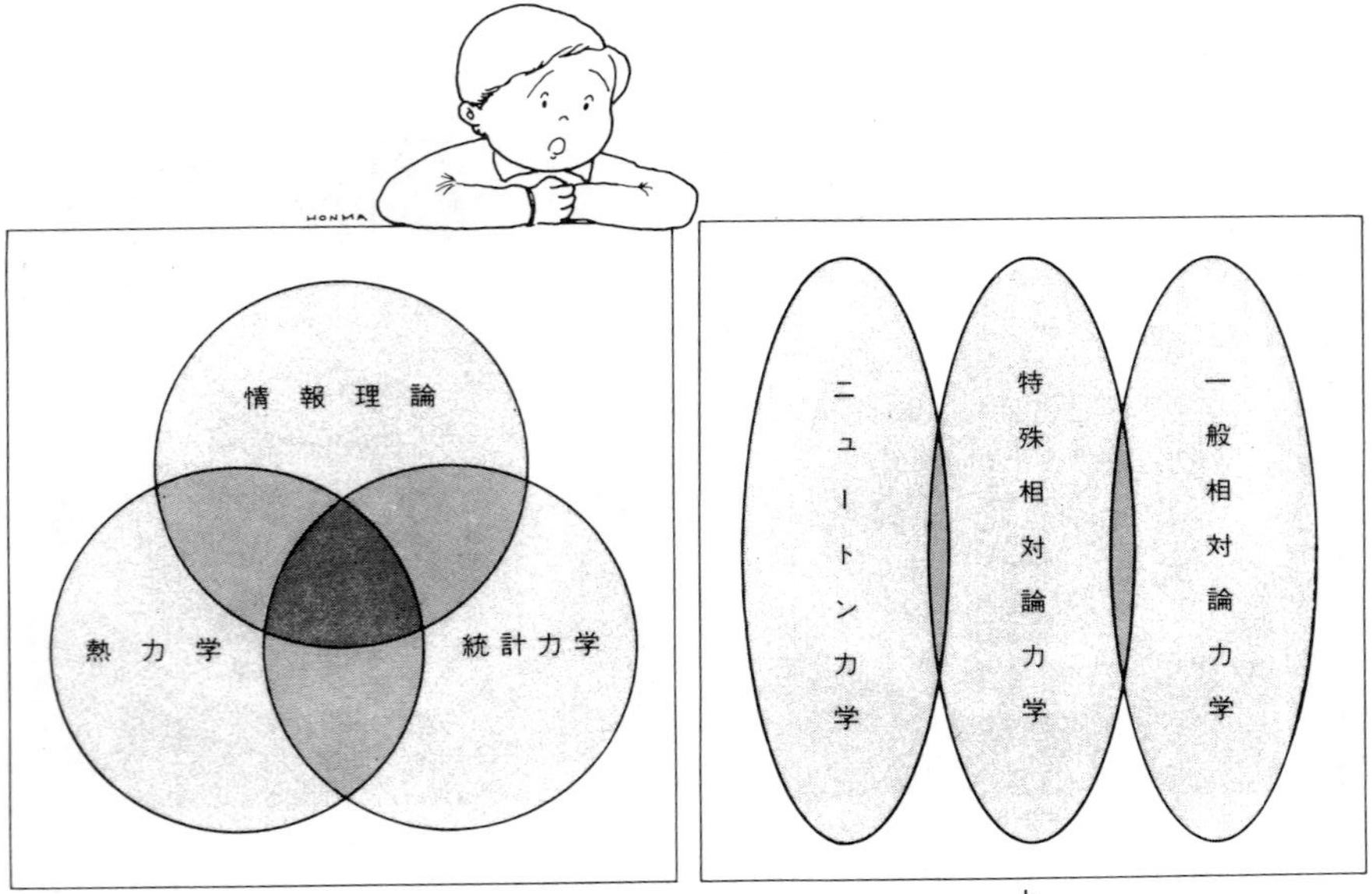

a　b

▲図7　実用問題での適用対象として

この様子は、古典力学では一般相対性理論がもっとも広く、その中に、重力エネルギーが静止質量エネルギーに比べて小さい極限として特殊相対性理論が含まれており、またその中に、運動速度の大きさが光の速さに比べて小さいときの極限としてニュートン力学が含まれているという事情に似ている。ただし、力学の体系と比べるのは、話が過ぎるかもしれないが。

実際的な問題を解くときには、一般性のある理論で考えたほうがよいとは限らない（図7）。地上で落下する物体の運動はニュートン力学でこそ本質をとらえることができる。相対論的力学で計算すると、キャンセルが起こって有効数字がなくなってしまうことになる。エントロピーに関する情報理論と統計・熱力学との関係もこれと似ている。概念、理論の包含関係の話と、実際問題で何を使うと便利かということとは、別のことなのである。

それでも、情報との関係を考慮すると、より深く、もしくはより容易に理解できる統計・熱力学的現象は多い。それらについては、折りにふれて述べる。

5　粒子一個あたりという見かた

温度とエントロピーの次元

物理学で粒子一個あたりのエネルギーを考えるとき、温度は必ずボルツマン定数との積になって kT として現れる（一モルあたりで考えると、そのアボガドロ数倍である気体定数との積 RT として現れるが、事情は粒子一個あたりの場合とまったく同じである）。kT はエネルギーの次元をもつので、むしろ最初から、温度はエネルギーの次元をもつものとして定義しておくほうが、いろいろと都合がよい。

こうして、kT をあらためて T で表すことにすると、1.16×10^4 K の温度が $T=1$eV に換算され

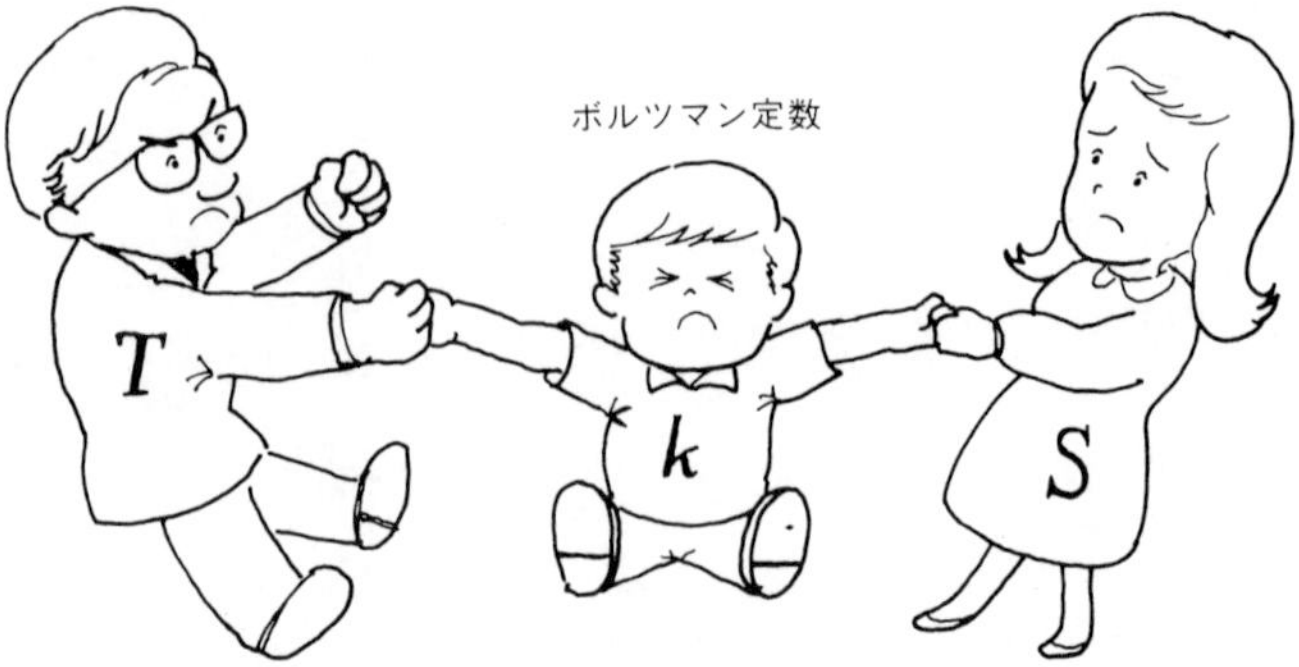

▲図8 温度 T とエントロピー S のクレーマー・クレーマー．自然定数でない k は，取り合いになる．

る。そして、たとえば、温度が水素原子のイオン化ポテンシャル（13.6eV）くらいのガスでは水素はイオンになる、というような記述ができるようになる。ほかにも、温度が 1keV の黒体からは 1keV くらいのX線光子が放射されるとか、温度が電子の静止質量エネルギー（0.5MeV）くらいだと、熱平衡状態で電子と陽電子の対が発生するなど、便利な表現ができる。

国際単位系SIでは、ケルビンが定義されているが、これは水の氷点と沸点を基準にして温度間隔が決められたという歴史的事情に敬意を表したものである。その結果、ケルビンは物理の単位系のなかでも、はみだしものになっているのである。そして、エネルギーと温度との換算率として、ボルツマン定数がある。この意味では、ボルツマン定数は、光速 c やプランク定数 h などの自然定数とは違って、たんなる単位換算の数値であることに注意しなければならない（図8）。

こうして、物理学では、温度をエネルギーの次元をもつ量として表すのが流行になりつつある。そして、数式からボルツマン定数kないしk_Bを追放しておくと、量子力学などで現れる波数kとの混乱がなくなって都合がよいという、おまけまでついている。

統計・熱力学では、エントロピーは必ず温度と積になり、エネルギーの次元をもって現れる。一般に、熱力学の体系は、エントロピーのようにその値が物質量に比例する示量変数と、温度のように物質量には比例せず、たんに強度を表す示強変数で記述されるが、それぞれ対応するものが組になって現れるからである。このため、温度の次元や単位を変更すると、当然エントロピーの次元にも影響し、エントロピーは無次元量になる。

実際前章で、エントロピーは情報、確率、位相空間での配位、場合の数など、本来は次元をもたない概念がその基本になっていることを述べた。そして、エントロピー関数を定義するときに、その係数λの値と対数の底のとりかたは決まらないことに注意した。情報理論では、2を底とする対数をとって$\lambda=1$にすると便利である。このとき、その単位はビットになる。統計・熱力学でkTをあらためて温度Tだとする場合には、自然対数をとって$\lambda=1$にしたほうがきれいな数式がかける。このとき、エントロピーは無次元量となり、その単位はナット（NAtural uniT）とよばれる。

以下では、とくにことわらない限り、温度とエントロピーについてはここで述べたような表現を使うことにしよう。ただ、場合の数などを数えるときには、ナットよりもビットのほうがわかりやすい。そのようなときには、1 bit＝ln 2 nat＝0.693 nat と換算してほしい。

粒子一個あたりのエントロピー

上で述べた単位を使って、三章で述べた理想気体のエントロピーを粒子一個あたりについて表すと

$$\sigma_j = \ln[\mathrm{e}^{5/2}(2\pi mkT)^{3/2} n_j^{-1} h^{-3}]$$

となる。ここで、添字jはjという種類の粒子に対する量であることを表す。そしてn_jはjという粒子の個数密度、すなわち単位体積中にある粒子の個数である。以前に書いた式では、これは、N/gVとなっていた。

たとえば、電子について考えると、電子の個数密度N/Vが統計的重みgで割られているのは、実はスピンが上向きの電子（$j=1$）と下向きの電子（$j=2$）は同じ数だけあり、それぞれ異なる種類の粒子だとみなされていたことを意味する。そして（$n_1\sigma_1 + n_2\sigma_2$）$V$が全エントロピーだったわけである。

ここでもう一つ、異なる種類の粒子のエントロピーはそのまま互いに足し算できる量だということもわかる。異なる種類の粒子は独立の自由度をもつから、独立に並べられ、そのエントロピーは加算できるのである。このことを数式でいうには次のようにすればよい。aで表される粒子とbで表される粒子があるとする。前章と同じ記号を使って、確率分布関数を

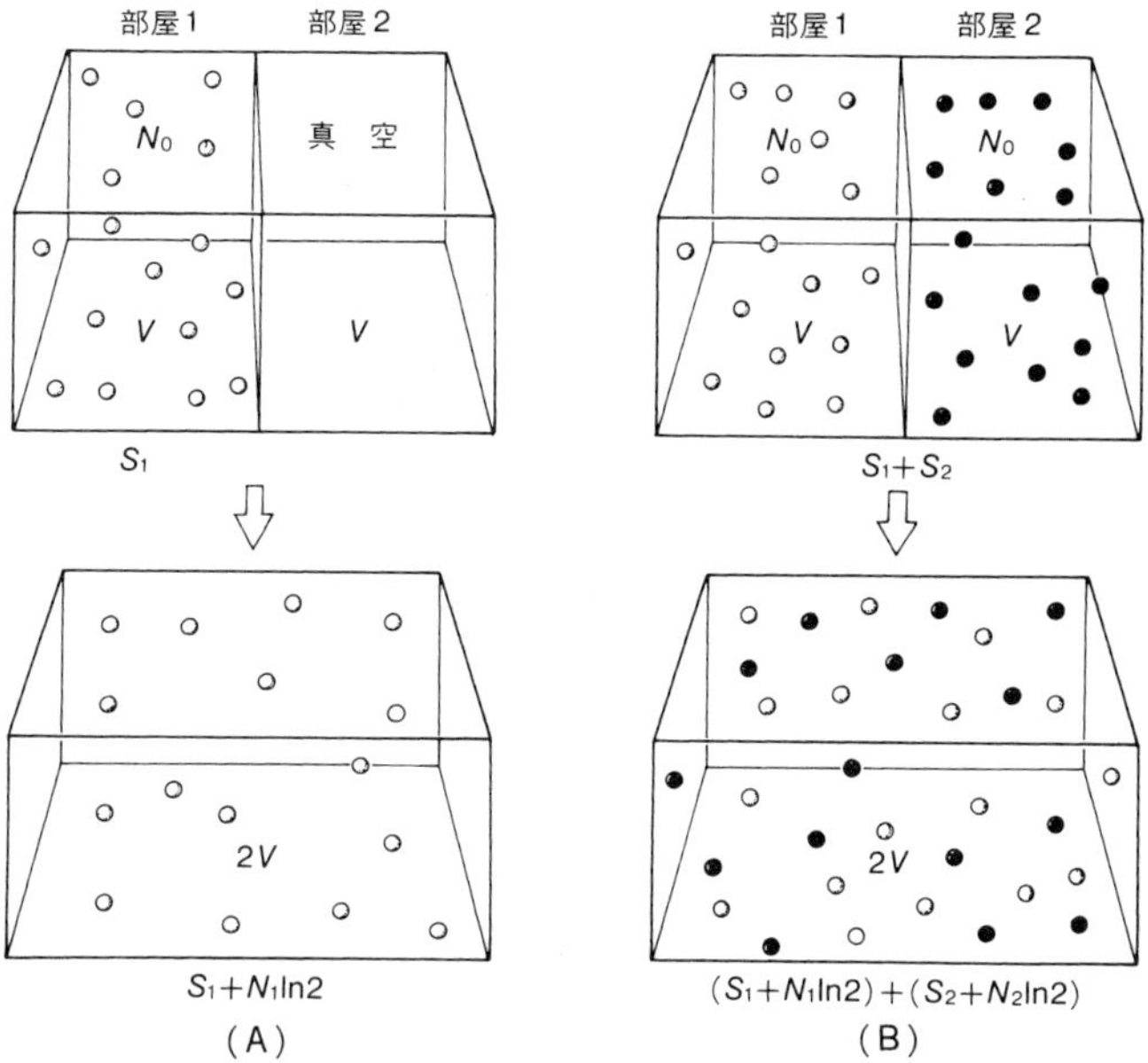

▲図9 (A) 混合の本質は真空中に広がること．(B) 粒子aから見ると，粒子bの部屋は仲間がいないので真空と同じ．

$$F(\boldsymbol{p}_a, \boldsymbol{x}_a; \boldsymbol{p}_b, \boldsymbol{x}_b) = F_a(\boldsymbol{p}_a, \boldsymbol{x}_a)\cdot F_b(\boldsymbol{p}_b, \boldsymbol{x}_b)$$

で表し、同様な計算をすると、全エントロピーはそれぞれのエントロピーの和になることはすぐにわかる。対数をとることによって、それぞれの種類の粒子に関するものに分かれ、積分することによって、対数以外の部分に含まれている他の種類の粒子の影響は消えてしまうからである。

拡散とエントロピー生成

簡単な応用問題として拡散がある。体積$2V$の箱が体積Vの二つの部屋に仕切られており、その左側に粒子aからなるガスが入っていて、右側は真空だとする。粒子の個数をN_1とし、温度はTだとする。仕切りをはずすと、ガス粒子は右側の部屋に吹き出すが、ついには、最初と同じ温度の熱平衡状態になる（図9）。ただし粒子の個数密度は1/2になっているのに対応して、エントロピーは粒子一個あたりln2ナットふえている。ある粒子を考えるとき、仕切りをはずす前に比べて、それが左右のどちらの部屋にあるかを指定しなければならないから、それに対応して、系の情報源としてのあいまいさが1ビット増えたというわけである。

部屋2が真空ではなくて、粒子bからなるガスが入っていたとしよう。粒子数はN_2、温度は粒子aと同じくTだとする。二つの部屋の間の仕切りをはずすと、こんどはガスは比較的ゆっくりと拡散し、混ざりあう。このとき、温度は変わらないが、真空中に広がったのと同じく、それぞれの粒子について個数密度は1/2になる。こうして、どちらの種類のガスについても、粒子一個あたりln2ナットのエントロピーが生成されることになる。

粒子が混合したときに起こるこのようなエントロピーの増大は、「混合のエントロピー」と言われることがある。しかし、右の考察からわかるとおり、エントロピー生成の本質は拡散によるものである。そして、二種類の粒子に対するエントロピーは、たんに足し算で表されるだけなのである。

この意味では、「混合のエントロピー」という表現は、誤解のもとになる可能性がある。しかし、実際には、混合は上で述べたように、全体の体積を変えずに行うことが多いから、操作主義的に

「混合のエントロピー」という言葉を使っても悪いわけではない。要は、その本質を理解していればよいのである。

なお、ガスが真空中に吹き出しただけでは、エントロピーは生成されない。粒子が壁に当たって跳ね返ったのち、他の粒子と衝突して熱平衡状態を回復する過程で生成されたのである。これに対し、二種類のガスが拡散によって混じり合うときには、相手の種類のガス粒子や自分と同じ種類のガス粒子に衝突する過程でも生成された。

このように、それぞれの種類にわけて、粒子一個あたりのエントロピーを考えると、事情が理解しやすくなる。たとえば、いろいろな励起状態にある原子からなるガスのエントロピー、反応によってそれぞれの種類の粒子の数が変わるグランド・カノニカル系の問題、話はややとぶが、熱平衡からはずれたふく射場のエントロピーなども自然にかつ統一的に理解することができる。それらについては、次章で述べる。

6 自由エネルギーかエントロピーか

励起状態を異種の粒子とみなす

話を簡単にするために、理想気体を考える。体積Vの箱の中に、温度Tのガスが入っているとする。j番目の種類の粒子の個数をN_jで表す。前章で述べた粒子一個あたりのエントロピーの表式を使うと、系のエントロピーは

$$S=\sum_j N_j \ln(AT^{3/2}V/N_j)$$

$$A=e^{5/2}(2\pi m)^{3/2}h^{-3}$$

と表せる。

一つの種類の原子がいろいろな励起状態にあるときも、この式が使える。異なる励起状態は、それぞれ異なる種類の粒子だと考えればよいのである。全粒子数をNとし、励起状態jのエネルギーをϵ_jとする。原子はそれぞれの励起状態に熱平衡分布、すなわちボルツマン分布をしていると考えると、

$$N_j=(N/B)\exp(-\epsilon_j/T)$$

$$B=\sum_j \exp(-\epsilon_j/T)$$

で粒子あたりの平均エネルギーは

$$\langle\epsilon_j\rangle=\sum_j \epsilon_j \exp(-\epsilon_j/T)/B$$

である。そして、エントロピーの式は

$$S=N\ln(Z^{(1)}AT^{3/2}V/N)$$

という、見なれたものに書きかえられる。ここで、$Z^{(1)}$は一粒子の分配関数にあたるもの、

$$Z^{(1)}=\sum_j \exp[-(\epsilon_j-\langle\epsilon_j\rangle)/T]$$

であるが、エネルギーの原点に依存しない表現になるように、$\langle\epsilon_j\rangle$が現れていることに注意した

い。

反応による異種粒子間の移行

反応によって粒子の種類が変わるとき、系のエントロピーの変化は最初の式を微分して、

$$dS=\sum_j dN_j\ln(AT^{3/2}V/N_j e)+\sum_j N_j d\ln(AT^{3/2}V)$$

であることがわかる。これは、反応に関して熱平衡状態にあるかどうかにかかわらず、粒子の分布関数がマクスウェル分布でありさえすれば成り立つ。

並進運動のエネルギーは $U_t=(3/2)NT$、圧力は $p=(N/V)T$ であるから、右の式は、

$$dS=\sum_j dN_j\ln(AT^{3/2}V/N_j e^{5/2})+(dU_t+p\,dV)/T$$

と書き直せる。一方、並進運動以外の内部自由度のもつエネルギーを

$$E=\sum_j \epsilon_j N_j$$

で表すと、内部エネルギーは

$$U=U_t+E$$

であり、熱力学第一法則は、

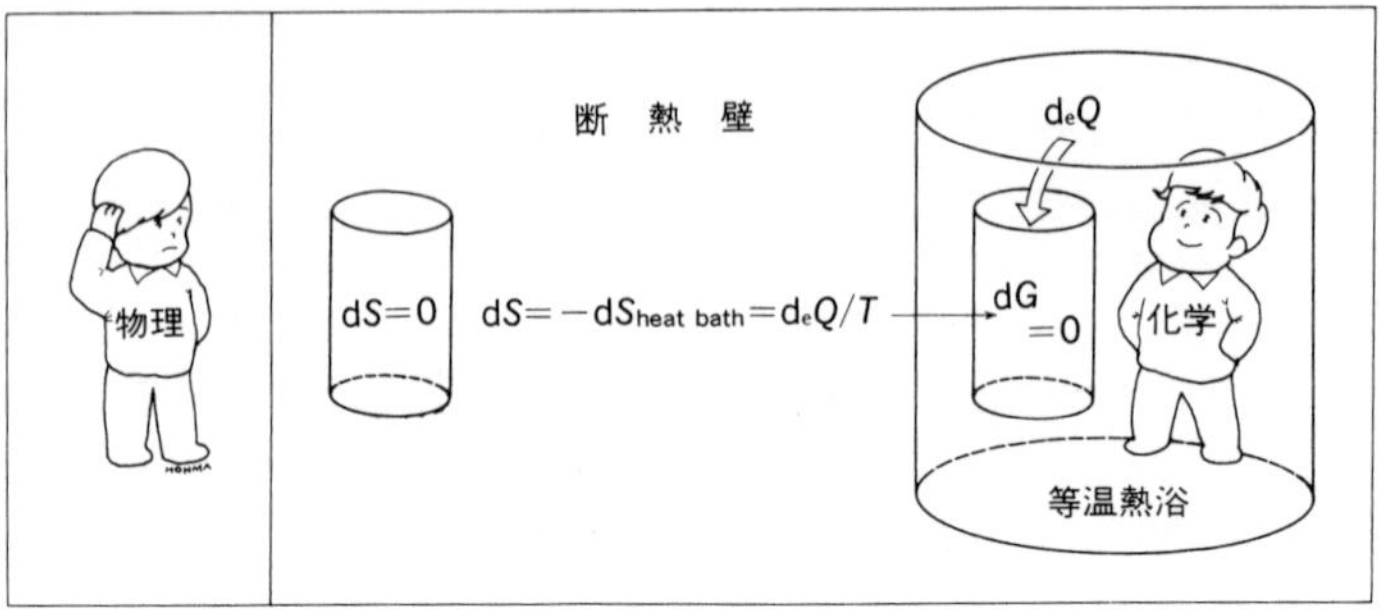

▲図 10　断熱系と等温熱浴に浸された系．どちらでも熱平衡は，系の非可逆過程によるエントロピー生成はゼロ，すなわち，$d_iS=-(1/T)\sum_j \mu_j dN_j=0$ で記述される．

$$dU+pdV=d_eQ$$

である。ここで、d_eQ は系に流入するエネルギーである。そして、これらの式を

$$dS=d_eQ/T+d_iS$$

$$d_iS=-(1/T)\sum_j \mu_j dN_j$$

$$\mu_j=\epsilon_j-T\ln(AT^{3/2}V/N_je^{5/2})$$

と書き直す。すると、d_eQ/T は系に流入したエントロピー、d_iS は反応という非可逆過程によって生成されたエントロピーを表すことになる。ここで、μ_j は j という粒子の化学ポテンシャルである。こうして、反応によるエントロピー生成が等式で表された。

熱平衡状態

断熱系 $d_eQ=0$ での熱平衡状態はエントロピーの極値、$dS=0$ したがって $d_iS=0$ で記

述される(図10)。

これに対し、等温の熱浴に接した系では、その系のエントロピー変化 dS だけでは記述されない。そこで、熱浴まで含めて、全系として考えなければならない。熱浴のエントロピーの増加は系から熱浴に流れ込んだ熱によるものだから、$-d_eQ/T$ である。両者の和をゼロに等しいと置くと、熱平衡状態が求められる。その結果はやはり、$d_iS=0$ となる。こうして、

$$\sum_j \mu_j dN_j = 0$$

は、断熱系でも、等温熱浴に接した系でも熱平衡状態を決めている。熱浴との熱の受渡しでは、エントロピーは生成されないからである。なお、反応によって粒子数が変わる様子を考慮しながら、この条件式を具体的に書き表してみると、温度依存性まで含めた質量作用の法則になっていることがわかる。

自由エネルギーとエントロピー

ギブスの自由エネルギーは

$$G = U + pV - TS$$

で定義される。その微分は熱力学第一法則と、上に述べた関係式をつかって

$$dG = -Td_iS - SdT + Vdp = \sum_j \mu_j dN_j - SdT + Vdp$$

と計算される。こうして、等温・等圧という条件のもとでは、熱平衡状態は $dG=0$ で記述されることがわかる。これに対し、断熱系での熱平衡状態に対しては、dG はゼロになっていない。系を仮想的に変化させると、温度や圧力も変わるからである。

化学ポテンシャルとの関係は

$$\mu_j = (\partial G/\partial N_j)_{T,p}$$

である。等温・等圧で、また粒子一個あたりの平均値ではなく、微分で計算されることに注意しなければならない。

化学畑の人がエントロピーよりも、むしろ自由エネルギーのほうを好んで使うのは、日常的には、彼らは等温・等圧のもとで実験していることが多いからである。実際、そのような場合には、反応系のエントロピーの変化に加えて熱浴からのエントロピーの出入りを考えるよりも、自由エネルギーだけを考えたほうが便利である。

その結果、自由エネルギーで考えるのが習慣になってしまいやすいという問題が起こる。日常的業務を処理している限り、確かにそのほうが便利だが、日常性から一歩はみ出したところには、等温・等圧でない場合はいくらでもあるから、注意が必要である。

同じ問題は、逆に、なんでもエントロピーで考えたがる人の側にもある。等温で考えるのなら、系からのエントロピーの出入りも考慮しなければならないのに、それを忘れてしまうのである。ばかげた、しかし教訓的な例をあげよう。光合成は二酸化炭素と水からブドウ糖と酸素をつくるもので

$$6CO_2 + 6H_2O \rightarrow C_6H_{12}O_6 + 6O_2$$

と表される。これが等温・等圧の大気圏内で進行するとして、左辺のエントロピーと右辺のエントロピーを比較した人がある。右辺のエントロピーのほうが低いことは、分子の個数が少ないことから、すぐにわかる。そこで彼は、「ブドウ糖は低エントロピー物質だから役に立つ」と言うのである。

逆の例として、水の電気分解、

$$2H_2O \rightarrow 2H_2 + O_2$$

がある。光合成に際して取り入れられたエントロピーの低いエネルギーは光であったが、この場合、それは電気である。電気分解を等温・等圧の条件下で行うと、右辺のエントロピーは左辺のエントロピーよりも高い。分子の数が増えたからである。さきの例と同じようにいうと、電気分解でつくられた水素プラス酸素は高エントロピー物質だということになる。しかし、どちらの場合にも、反応を逆向きに起こさせて、すなわち酸化させて、エントロピーの低いエネルギーを取り出すことができ、これらは同様に役立つ。

こうして、等温・等圧で考えるときには、物質のエントロピーだけでは本質はとらえられない。

dS の絶対値に比べて d_eQ/T の絶対値が十分大きい場合には、大切なのは d_eQ/T の符号のほうであり、dS の符号は本質的な意味をもたないからである。

反応の向きを決めるもの

話をもとへ戻して、断熱系での反応を考える。そこでは、S が極大になる方向に反応が進む。S は場合の数に関する概念だから、反応は、たんに、ミクロに見て場合の数が多いようなマクロな状態に向かって進むということになる。この説明では、反応によって発生する熱量という概念は陽には現れない。

しかし、反応式の両辺に現れる物質が同程度の分量で存在するとき、温度が十分に低ければ、熱平衡は発熱反応の方向にある。ここで反応熱という概念が現れるのは、それによって温度が上がり、系のエントロピーが増大するからである。

逆に、温度が十分に高くて反応熱が無視できるときには、エントロピーの値を決める主役は粒子の個数である。だから、粒子数の多い、分解した方向に反応が進むことになる。

しかし、これは両極限に関する一般論である。中間的な温度での個々の化学反応では、第三の物質の存在や、途中に介在する分子、活性化エネルギーの値の組合せなどによって、いろいろと複雑なことが起こる。光合成と、その逆のブドウ糖の燃焼などもその例である。そこに、化学の醍醐味があるのだそうである。

7　光とエントロピー

量子理想気体

これまでは古典的理想気体を考えてきたが、光は量子論的に取り扱わねばならない。さらに光子には静止質量がないから、相対論的に考える必要がある。ここで量子気体とは、電子のようなフェルミ粒子とか、光子のようなボース粒子として考えるということである。理想気体とは、粒子間に衝突以外の相互作用がないもののことである。

熱平衡状態での分布関数は

$$f(\boldsymbol{p}) = 1/[\exp(x-\psi) \pm 1]$$

と表される。複号は、上の方がフェルミ粒子、下がボース粒子の場合を表す。記述を簡単にするために、ボルツマン定数、プランク定数、光速はすべて1となる単位系を使う。温度をTとし、粒子エネルギーは $e=xT$、化学ポテンシャルは $\mu=\psi T$ で表した。

エントロピーは一般手法に従って、

$$n\sigma=\int g\,\mathrm{d}^3\boldsymbol{p}[-f\ln f\mp(1\mp f)\ln(1\mp f)]$$

と表される。nは単位体積中の粒子の個数、σは粒子一個あたりのエントロピーである。$(1\pm f)$の項が現れるのは、量子統計では、場合の数の数えかたが古典統計とは異なるからである。なお、gは総計的重みを表す。

熱平衡状態の分布関数についてこの積分を実行するには、ちょっとコツがいるが、

$$\sigma=(n\epsilon+P)/nT-\psi$$

という結果が得られる。Pは圧力、ϵは粒子一個あたりの平均エネルギーである。この式の両辺にnTV（Vは系の体積）を掛けると、$TS=U+PV-G$ という、ギブスの自由エネルギーを表す式になっていることがわかる。なお、古典的理想気体、すなわち、$\psi\to-\infty$ の極限では

$$\sigma=5/2-\psi=\ln[\cdots T^{3/2}V/N\cdots]$$

という、何度も出てきた式になる。

以下では、光子ガスに話を限る。黒体ふく射の化学ポテンシャルはゼロである。すなわち、準静

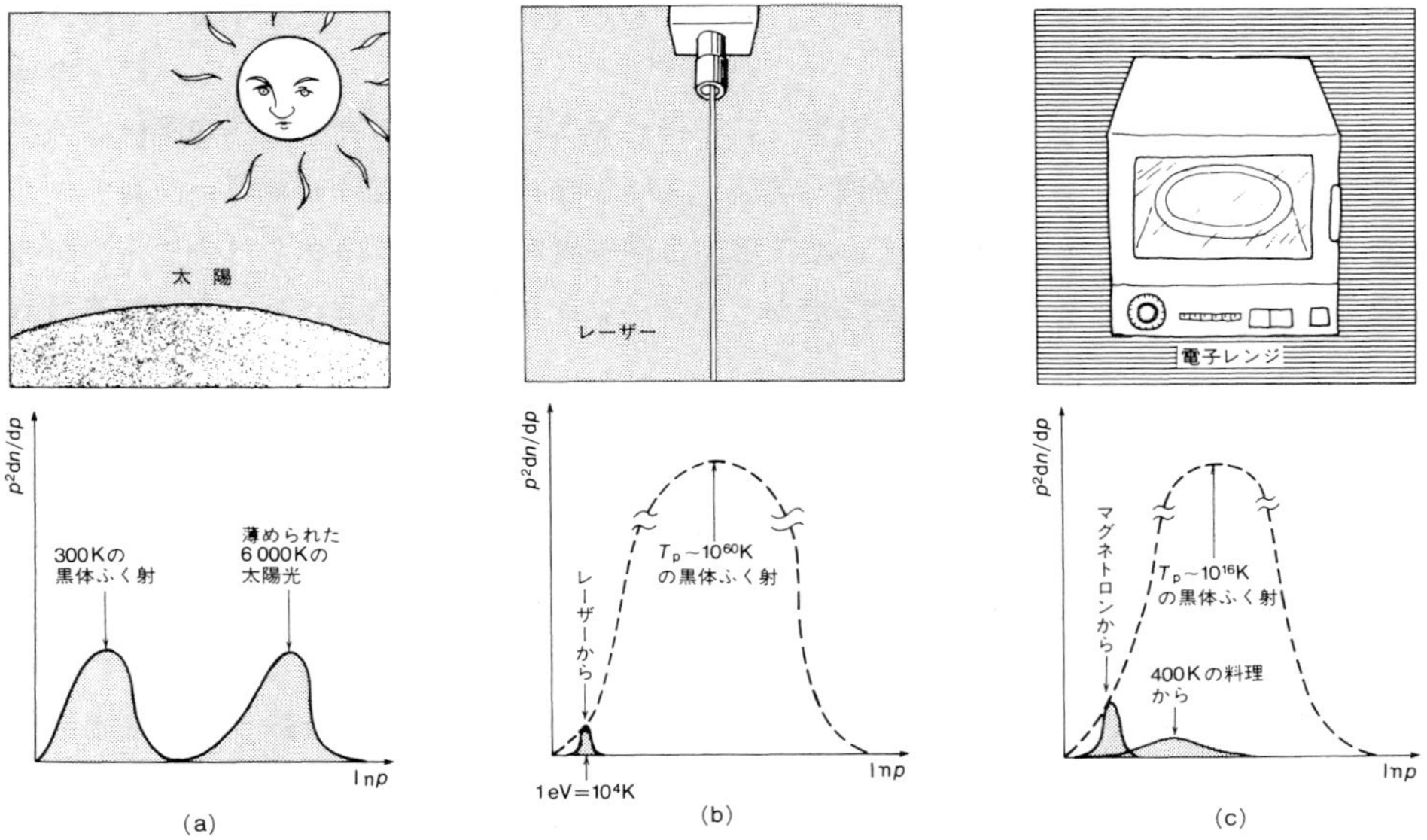

▲図 11　熱平衡から離れたふく射場（模式図）
破線は対応する黒体ふく射．面積はエネルギーの大きさの程度を表す．（a）地上の空間，（b）レーザー，（c）電子レンジ．

的に黒体の壁の温度を変えると光子の数 $N(=nV\propto T^3V)$ も変わる。しかし、このときエントロピー生成はなく、$\phi TdN=0$ だから、$\phi=0$ でなければならない。また、$P=aT^4/3$, $n\epsilon=aT^4$（a はふく射密度定数）だから、黒体ふく射の光子一個あたりのエントロピーは、$\sigma=4\epsilon/3T=3.6$ と一定である。黒体ふく射のエントロピーは光子の数に比例すると言ってもよい。

古典的理想気体の場合には、σ は対数項で書かれていた。黒体ふく射の場合に、これがどうして消えてしまったのであろうか。対数項の中身は粒子一個あたりの位相空間の体積 $T^{3/2}V/N$ に比例していたが、実は、これは非相対論的な場合の表式であった。相対論的極限では、運動量空間の体積は、エネルギーの三乗、したがって T^3 に比例するので、対数項の中に現れるべき T^3V/N は一定値になってしまうのである。

熱平衡にない光

実際の現象では、ふく射が熱平衡からはずれている場合が多い。地上には太陽から六〇〇〇Kに対応する光子がきているのに、周囲と熱平衡の状況になっていない（図11）。このような場合のエントロピーはどう計算すればよいのであろうか。前節で熱力学的に計算したほうがやさしいのに、わざわざ分布関数からエントロピーを計算したのは、実は、熱平衡から離れた場合を考えるための伏線であった。

前節に述べた積分から、dp の運動量、$d\Omega$ の方向（立体角）をもつ光線は

$$[-f\ln f+(1+f)\ln(1+f)]gp^2\mathrm{d}p\mathrm{d}\Omega$$

のエントロピーをもっていると考えてよい。そして、全エントロピーは、それら全部を加え合わせたものだということになる。

温度の概念を導入したければ、特定の運動量（ないしは振動数 ν、光子では $\nu=p$）と方向をもつ光子の数 $\mathrm{d}n$ を $gfp^2\mathrm{d}p\mathrm{d}\Omega$ に等しいとして f の値を知り、それから x の値を求めると、対応する温度 T_{P} の値が決まる。問題のふく射が黒体ふく射だったとしたとき、それと同じ個数の光子を与えるような黒体ふく射の温度を T_{P} と決めたわけである。すると、いま問題にしている光子ガスのエントロピーは、そのような黒体ふく射が対応する運動量領域でもっているエントロピーと等しい値になる。

このように、異なる運動量の光子を異なる自由度の振動子（異なる粒子）だと考え、異なる温度 T_{P} を対応させるのは、プランクが熱ふく射論として詳しく考察したものである。そして、あらゆる運動量に対して T_{P} の値がすべて等しいと、それは黒体ふく射であり、その温度が熱力学的温度になるのである。

このような議論ができるのは、熱平衡では光子の化学ポテンシャルはゼロで、光子の数が温度だけで決まっているからである。これに対し、静止質量のあるふつうの粒子では、ある運動量の範囲で粒子の個数を与えても、熱平衡に対応する温度は決まらない。化学ポテンシャル（ないしは密度）によってその値は異なるからである。

太陽光・レーザー・電子レンジ

以上のように考えると、熱平衡からはずれた光の現象が容易に理解できる（図11）。まずは、太陽から放射された光を考えよう。真空中に放射されただけでは、ある立体角$d\Omega$の範囲内に伝播する光子の個数は変わらない。それを上に述べた$d\pi$だとして対応する温度T_Pを求めると、太陽表面と等しい六〇〇〇Kになる。エントロピーフラックス（単位面積を通って単位時間あたりに流れるエントロピー）はエネルギーフラックスをこの温度で割ったものである。だから、光がたんに真空中に広がっただけでは、エネルギーあたりエントロピーに変化はない。このことは、ガスが真空中に吹き出しただけではエントロピーが生成しないということに対応する。実際、そのような光は、理想的な凹面反射鏡で集めて、もとの六〇〇〇Kをつくることができる。

太気圏外に置いた太陽炉で太陽光線を一点に集めると、その点の温度はむしろ六〇〇〇K以上になると思うかもしれない。しかし、それでは熱力学第二法則に予盾する。実際には、第一章で述べたように、太陽光といえども、完全な平行光線ではないから、完全な凹面鏡を使っても一点に集めることができず、有限の大きさの像ができてしまう。幾何光学で像の大きさをもとめ、シュテファン－ボルツマン法則を使って温度を計算してみると、やはり六〇〇〇Kしか得られないことがわかる。このとき、エントロピーという概念は使わなかったことに注意しておこう。なお、立体角の大きい光線は、光源のどこから放射されたかの情報を失っているので、一点から出た光に比べてエントロピーが高いのである。

逆に、レーザー光はきわめて小さい立体角内に放射されるので、エントロピーがきわめて低いことになる。また、そのエネルギーは、きわめて狭い振動数の範囲内に限られる。だから $d\nu$ から温度 T_{P} を計算すると、10の何十乗Kという、とてつもない値になる。そして、エントロピーのきわめて低い、すなわち情報量の多い光だから、精密測定や精密工作の手段に使えるのである。

台所で使う電子レンジの二四五〇メガヘルツの光子は、10^{-5}eVのエネルギーをもっている。$T=\nu$（ふつうの単位系では $T=h\nu/k$）として温度で表すと、0.1Kである。この温度はずいぶん低いのに、どうして調理ができるのかと思うかもしれない。しかし、エネルギーは振動数の狭い範囲に注入されていて、光子の数はその温度の黒体ふく射に比べるとはるかに多いのである。同じようにして $d\nu$ から温度 T_{P} を計算すると、10^{16}Kに及ぶことがわかる。

逆に、電子レンジでそれほどの高温がつくれないのはなぜだろうか。二四五〇メガヘルツの光子は料理の材料に吸収され、熱になる。そして定常状態では、注入されたエネルギーは四〇〇Kくらいの黒体ふく射として放射される。このとき、光子の平均エネルギーは上がったが、振動数の幅は広がった。すなわち、運動量空間で拡散が起こり、エントロピーを生成してしまったのである。その結果、ちょうど調理に向いた温度が得られるように、電子レンジのパワーが設計されているのである。

こうして一見不思議に見えることがらも、エントロピーの観点から正しく理解できる。もっとも、これらの問題は、エネルギー的観点で考えたほうがわかりやすいのも事実である。しかし、エントロピー的視点は、物理学のもうひとつの側面を見せてくれる。

8　時間スケールでのアプローチ

無限の時間とは

断熱壁で囲まれていたり、等温の熱浴に浸されている系で、時間が無限に経ったときに実現されるのが熱平衡状態だと言われる。ところで、無限の時間というのは何年のことであろうか。

数学で無限大というときには、「あなたが言うどんな値よりも大きい値」という意味である。物理学でも、厳密にいうと、そういうことになるかもしれない。しかし、物理世界では、いろいろな時間スケールの現象が起こるから、数学でのような定義では困ることになる。ある時間スケールで起こっていることを考えているときには、無限というのはその時間スケールに比べて十分長い時間

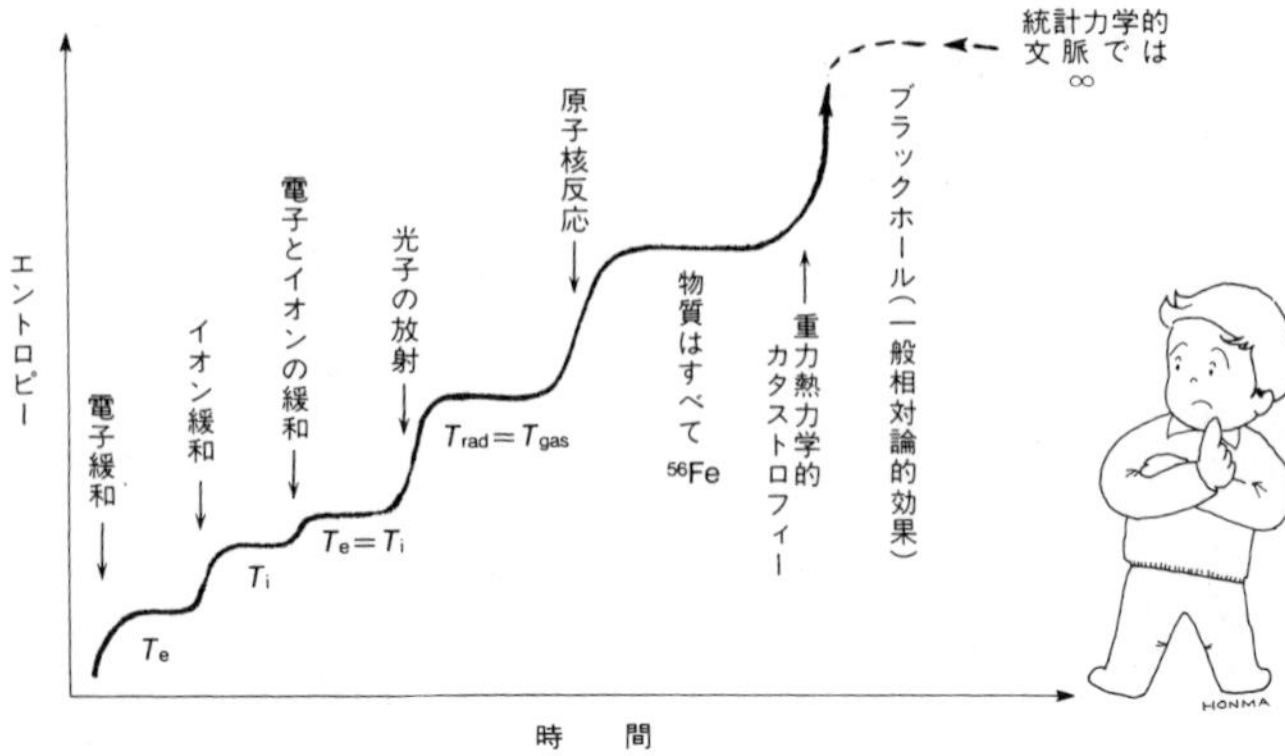

▲図12　いろいろな階層の熱平衡へのアプローチと，それに伴うエントロピー生成（模式図）

という意味である。それと同時に、もっと長い時間スケールの現象が進行しているとして、それから見ると、同じ長さの時間でも、無限小の時間とみなせるものであったりする。

　こうして物理世界の記述では、ある量が無限大とみなせるか、無限小とみなせるかは、いま何を考えているかの文脈による。「文脈による」というのは文科系の人が好んで使う表現である。この意味で、物理学は数学よりも社会科学や文化的な事柄に近いとも言える。

順次に現れるいろいろな熱平衡

　例をあげよう（図12参照）。断熱壁で囲まれた体積一定の箱の中に同数の電子と陽子が入っているとする。たとえば、高周波で加熱された直後のプラズマを思い浮かべるとよい。まず最初に起こるのは、電子どうしの衝突によって、電子の分布関数が変化し、マクスウェル分布という熱平衡分布になる。こうして、電子の温度が決まる。次いで陽子どうしの衝突によって、陽子も熱平衡のマクスウェル分布になり、陽子の温度が決まる。このとき、電子の温度と陽子の温度は必ずしも等しくない。

そのつぎに、電子と陽子の衝突をとおして、両者の温度が等しくなっていき、熱平衡となったプラズマ（ガス）の温度が決まるのである。この電子と陽子という異なる成分の間が熱平衡になるのは、それぞれの成分が熱平衡になるのよりも遅れる。粒子の質量が違うと、衝突してもエネルギーを交換する能率が悪いからである。

これらの熱平衡への移行過程で、それぞれエントロピーが生成される。ある成分が熱平衡分布になってエントロピーが最大値になったかと思うと、それよりもさらにエントロピーの高い熱平衡状態がつぎに待ち受けているのである。

ガスとふく射の熱平衡

この系で次に起こることは、電子が陽子と衝突して、光子を放出するという制動ふく射の過程である。この過程は電子ガスから見ると、ふく射を放出して冷却していく過程である。そして、箱の中には次第に光子が蓄積されてくる。初めのうちは、箱の中のふく射場はプランク分布からほど遠い。しかし、光子が次第に蓄積されてくるにつれて、制動ふく射の逆過程、すなわち電子が光子を吸収する過程も起こり、次第に熱平衡の黒体ふく射場になっていく。こうして、最初は光子がなく、ふく射場の温度がゼロであったとしても、ある温度の黒体ふく射の場が形成されるのである。そして、ふく射場の温度はガスの温度と等しくなるというか、ガスはそのような温度になるまで冷却される。

ガスのエネルギー密度は温度の一乗に比例するのに対し、黒体ふく射場のエネルギー密度は温度の四乗に比例する。また、ガスの粒子数は一定に留まるのに対し、黒体ふく射の光子数は温度の三乗で増加する。だから、温度の高いところや密度の低いところでは、ふく射場の影響は甚大である。

こうして、われわれの環境や宇宙スケールの現象において、ガスだけでは熱平衡が達成されていても、ガスとふく射との間では熱平衡になっていないという状況はありふれている。これが熱平衡に近づこうとして光子を放射すると、エントロピーが生成されるが、それは、系の中の光子数が増加することに対応しているのである。

原子核反応も含む熱平衡

さて、このようにして実現されたガスとふく射の熱平衡状態で、温度が十分に高かったとしよう。たとえば、恒星の内部を想像するとよい。ここで、つぎに起こる熱平衡への緩和は原子核反応である。温度が高いといっても、4×10^9 K 以下では、原子核の結合エネルギー（核子一個あたり

$8\,MeV = 8\times10^{10}\,K$）に比べれば十分に低い温度である。そこで、原子核は反応し、エネルギーの最も低い結合状態である ^{56}Fe へ向かう。

そのようなことは、恒星の内部で実際に起こっている。その結果として、恒星が進化し、物質世界を構成する元素が合成されてきたのである。ただし、この反応がある程度の速さで起こるには、かなりの高温が必要である。太陽の中心部にある $1.5\times10^{7}\,K$ では、その第一段階である水素からヘリウムが合成される核反応が、やっと 1×10^{10} 年かかって起こるのである。これに対し、超新星という星の内部の爆発に際しては $10^{10}\,K$ に近い温度が達成され、原子核反応は秒以下の時間スケールで起こる。われわれの環境では、すべての物質が必ずしも ^{56}Fe になっていないのは、たんに温度が低すぎて、反応が遅いからなのである。

原子核反応によって鉄が合成されるのも熱平衡に近づく反応だから、当然エントロピーが生成される。ガス粒子のほうは結合して、その数が減ったから、ガスのもっているエントロピーは減った。ところが、反応に伴って解放された結合エネルギーは、結局は、ふく射場の光子になる。その結果、光子の総数が増えて、全エントロピーが増大したのである。こうして、低い温度では実際上死んでいた原子核をつくるという自由度が、高温で現実化し、ふく射も含めた全系としては、さらにエントロピーの高い配位に移ることが可能になったのである。

ここでエントロピーを背負ったのは光子であり、生きかえった自由度そのものではない。しかし、新しい自由度が新しい配位をもたらし、そのエネルギーの出入りを通して、より多くの光子にエントロピーを背負わせたのである。ここで、新しい自由度は相互作用、この場合は核力の相互作用によってもたらされたことに注目したい。

重力の相互作用まで考えると

核力の相互作用までしか実効的でない状況ないしは文脈で考えると、原子核が鉄になったところが最終的なエントロピー最大の状態である。しかし、もう一つの相互作用として、重力の効果が大切になる場合を考えることができる。重力の効果が他の相互作用の影響を圧倒するような場合、すなわち天体を考えるわけである。

重力はマクロな力であるから、量子力学の場合と違って、重力による結合状態に基底状態はない。そして、重力による結合エネルギーが解放されるにつれて、系のエントロピーはどこまでも増大していくのである（ただし、一般相対性理論まで考えると、非常に大きいが有限の値になる）。その状況は重力熱力学的カタストロフィーとよばれ、宇宙の中の部分系（subsystem）に、星や星団などの多様性を発生させる原因になっている。

このように考えてみると、熱平衡とかエントロピーの増大といっても、どういう文脈で考えるかによって、きわめていろいろな事柄が関係してくることがわかる。熱平衡には階層構造がある、というのがよいかもしれない。そして、自然界の多様性についても、相互作用の多様性、系を構成する要素のいろいろな種類、熱平衡へのアプローチとその途中のまだ熱平衡に達していない非平衡状態などの概念を媒介にして、壮大な構図が描けるのである。このとき大切なのは、われわれの文脈で問題にしている時間スケールと、熱平衡へのアプローチの時間スケール、すなわち緩和時間との関係である。

9　秩序とは何か

実験と理論

何年か前の話だが、生命科学関係の大先生と一緒に大学祭で講演させられたときのことである。私が会場に現れたときには、すでにその先生の講演もなかばを過ぎていたが、「生命の起源」というような題目で、マリグラヌールの話をされていた。海水と同じ組成だが濃度のかなり高いものをつくって高温・高圧に保つ。ある時間たって分析すると、境界面をもつグラニュールができているという話である。

講演が終ったとき、聡明そうな学生がさっと手をあげて、「そのような系の平衡状態は自由エネルギー最小で決まるはずです。それは物質分布の一様な状態です」という意味の発言をした。先生の答えは、「実験をした結果、できていたのだから、しかたないだろう」ということだった。それに対して、「自由エネルギーの極値をもとめる変分を行うさいに、あらゆる相互作用のエネルギーも計算にいれ、空間的に一様でない場合もとり扱える計算をしましたか？」といった陰の声が聞かれた。

定量的に扱える例

生命や膜に関係することはむずかしいからさておき、やさしいが典型的な例を考える（図13 a）。それは球対称の断熱壁に囲まれたガス分子である。ガスは理想気体だとしよう。しかし、ガスの量は非常に多く、要素どうしの間に作用する万有引力は無視できないとしよう。断熱壁で囲まれた恒星を想像すればよい。それとも、恒星の集団、すなわち星団を考えて、その中の個々の星をそれぞれ一個の分子にみなすとよい。

このような系は自己重力系とよばれるが、その熱平衡状態はどのようなものであろうか。まず考えられるのは、グローバルには、力学的に釣り合っているはずだということである。すなわち、圧力の勾配は重力と釣り合い、静水圧平衡になっている。そうでないと流れが発生し、運動エネルギーが粘性で散逸してエントロピーを生成する。

局所的には、分子の運動はマクスウェル分布をになっているはずである。そうでないと、分子ど

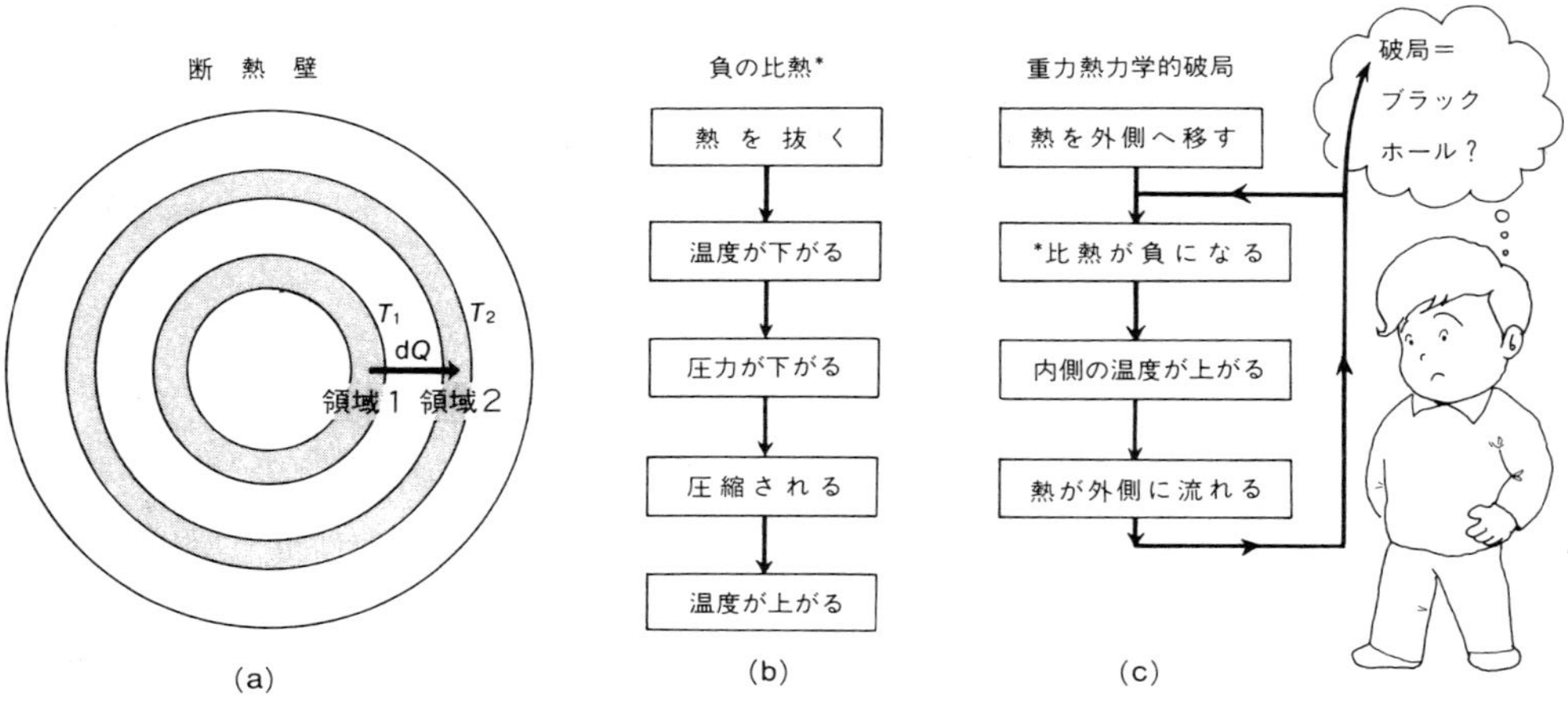

▲図 13　重力熱力学的破局のモデルとそのメカニズム

うしが衝突してマクスウェル分布に近づく過程でエントロピーが生成される。そこで、局所的に温度が定義できることがわかる。

この温度は空間的に一様、すなわち等温的であろう。そうでないと、温度勾配にしたがって熱が流れ、エントロピーが生成される。

ガス分子一個あたりのエントロピーは、ガスの温度と密度から計算できる。また、系全体のエントロピーは、ガスのエントロピーの和である。そして、上に述べた静水圧平衡、局所的マクスウェル分布、等温という状態は、系全体のエントロピーの極値に対応する熱平衡状態だというわけである。

不安定な熱平衡状態

前節の議論ではエントロピーの極値だというだけで、極大値かどうかわからない。ここでそれを調べてみよう。

話を簡単にするために、系の中に小さい領域、1と2だけを考える。領域1から2へ dQ だけ熱を移動させたとき、系のエントロピーの1次の変化は

$$dS^{(1)}=(dQ/T_2-dQ/T_1)$$

である。これからエントロピーの極値、すなわち熱平衡状態は、$T_2=T_1$ すなわち等温の場合に対応することがわかる。その温度をT_0と表そう。

そのうえで、2次の微小量を計算しよう。dQ だけ熱を移し終えたとき、温度はそれぞれ T_0+dT_1 と T_0+dT_2 になったとしよう。系のエントロピー変化は上と同様に計算されるが、熱を移している途中経過も考慮して、

$$dS^{(2)}=-(dT_2-dT_1)dQ/2T_0^2$$

ということになる。

その符号はどうであろうか（図13b）。自己重力のないふつうの熱力学の問題では、熱を抜かれた点の温度は下がり（$dQ>0$ に対して $dT_1<0$）、もらった点の温度は上がる（$dT_2>0$）。その結果として、$dS^{(2)}<0$ となり、もとの状態はエントロピーの極大にあったことになる。

しかし、重力相互作用の影響がある程度以上に強いと、そうはならない。熱を抜かれた点の温度はまず下がるが、同時に圧力も下がる。すると、重力の作用でガスは押しつぶされ、断熱圧縮を受ける。その結果、温度が上がることになる。そして、実際の変化は、これらの差し引きで決まる。断熱圧縮の効果が勝つ場合には、熱を抜いたにもかかわらず温度が上がり（$dT_1>0$）、見かけ上の比熱は負になってしまう。逆に、$dT_2<0$ であることもわかる。

こうして、重力の影響がある程度以上に大きいと、$dS^{(2)}>0$ となり、最初の状態はエントロピーの極小にあったことになる。そして、そこからエントロピーが増大していけるから、系は熱力学的に不安定となる。

重力熱力学的破局

考えている球対称の系で摂動があり、熱が内側の領域から外側の領域へ少し流れたとしよう。内側の領域は圧縮されて温度が上がる。逆に、外側の領域は膨張して温度が下がる。こうして内側の温度のほうが高くなると、その後は、熱は内側から外側へ向かって流れ続ける。同時に、内側の領域は収縮し続ける。これが重力熱力学的不安定である。そして、このように、自己重力の作用を熱力学の中に繰り込んで記述する重力熱力学の理論体系を、ある程度厳密につくることができる。

この重力熱力学的不安定はどこまで進行するのであろうか。不安定の進行は熱の流れを伴うので、エントロピーが生成される。そして、もし系にエントロピーの極大値が存在し、変化がそちらの方向に向かっていれば、系はその状態に到達して、落ち着くことになる。

そのような過程は、数値的に計算することができるが、最終的に到達されるべき状態は、最初の摂動の向きによって異なる。最初に熱が外側から内側へ移された場合には、内側の領域は膨張し、自己重力の影響は次第に弱くなる。その先には、ふつうの熱力学での安定な熱平衡状態が待っている。

逆に、熱が最初に内側から外側へ移された場合には、内側は収縮し、重力の効果はますます強くなる（図13 c）。そして、系の性質はふつうの熱力学のものからますます離れていく。その先には行き着くべき熱平衡状態は存在しない。すなわち、エントロピーはどこまでも増大し、無限大になるのである。それに伴って中心部の密度も無限大になる。重力熱力学的破局とよばれている。

もっとも、現実の物理現象では、無限大になる前に他の物理過程が役割をはたすことになる。エントロピーの極値という文脈で考えるとき、重要になるのは一般的相対論的効果である。中心部の密度が十分高くなると、重力も強く、ニュートンの重力では記述できなくなるからである。こうして、系はブラックホールになる。それと断熱壁との間に取り残された空間に形成されるふく射場のエントロピーも考慮にいれると、全系にエントロピー極大の状態があることが示される。しかし、私がここで述べようとしているのは、そのような特異な状況のことではない。

秩序とは何か

これまでは、断熱壁で囲まれた一個の系を考えたが、もっと大きい系の中にある部分系のことだと思ってもよい。そして、部分系の内部は一様な温度、密度の分布から次第にはずれる方向に変化して行く。全体の大きい系に、一様性からはずれた凝集があちこちにできることになる。これは現在の宇宙の状態とも、最初に述べたマリグラヌールのできた状態とも対比される。

そして大切なことは、このような、いわば多様性の発現ないしは進化が、全系のエントロピーの増大を伴いながら起こるということである。

それでは「エントロピー最大の状態は確率の高い一様な状態」というのは嘘なのであろうか。それは記述する立場による。上に述べたような状態は、相互作用のことをまったく考えない、いわば平坦な空間を基準にした常識的な見方で表現すると、構造のある状態に見える。しかし、相互作用の繰り込まれた曲がった基準で見ると、そのほうが、むしろ確率の高い一様な状態なのである。そのことは、社会でいう秩序についても同じである。同じ状態でも、何を規範にして見るかによって、秩序があると見えたり、そうでないと見えたりするものである。

10　非平衡をつくる

非平衡状態はどうしてできた

自然界にはいろいろな非平衡状態があって、そこで反応が起こっている。それに伴ってエントロピーが生成され、系は全体として熱平衡へ向かって変化していく。

工業でやっていることは、全系のエントロピーは増大させながら、それをエネルギーのわりにエントロピーの高い部分系と、低い部分系とに組み換えることである。後者は多くの場合、環境とは非平衡状態にあり、そこからたとえば仕事を取り出すことができるものである。工業でやっていることは非平衡をつくり出すことだと言ってもよい。

ところで、熱力学第二法則があるから、非平衡状態をつくるためには、それまで存在していた別の非平衡状態がこわされ、犠牲になっているはずである。それでは、最初の非平衡状態はどうしてもたらされたのであろうか。地球上のすべてを含む系といえども、開放系になっているから、最初の非平衡は地球の外からきたとすればよい。それでは、宇宙全体としては、その非平衡はどこからきたのであろうか。

このような問題を考えるさいに、最初に理解しておくべきことは、熱力学第二法則と非平衡形成との関係である。

緩和より速い境界条件の変化

話を簡単にするために断熱系を考える。現在の時刻をtとし、系の現在のエントロピーを$S(t)$と表す。系が熱平衡状態にないとすれば、非可逆過程が起こり、エントロピーは増大していく。すなわち、$dS(t)/dt>0$である。そして、エントロピーは熱平衡状態に対応する最大値、S_{max}に近づくであろう。

現在の非平衡の度合は

$$I=S_{max}-S(t)$$

で表すとよい。ボルツマン定数を単位にとると、Iは系が熱平衡状態からどのようにずれているかを指定するのに必要な情報量を表すものになっている。この表現をつかうと、非可逆過程によって

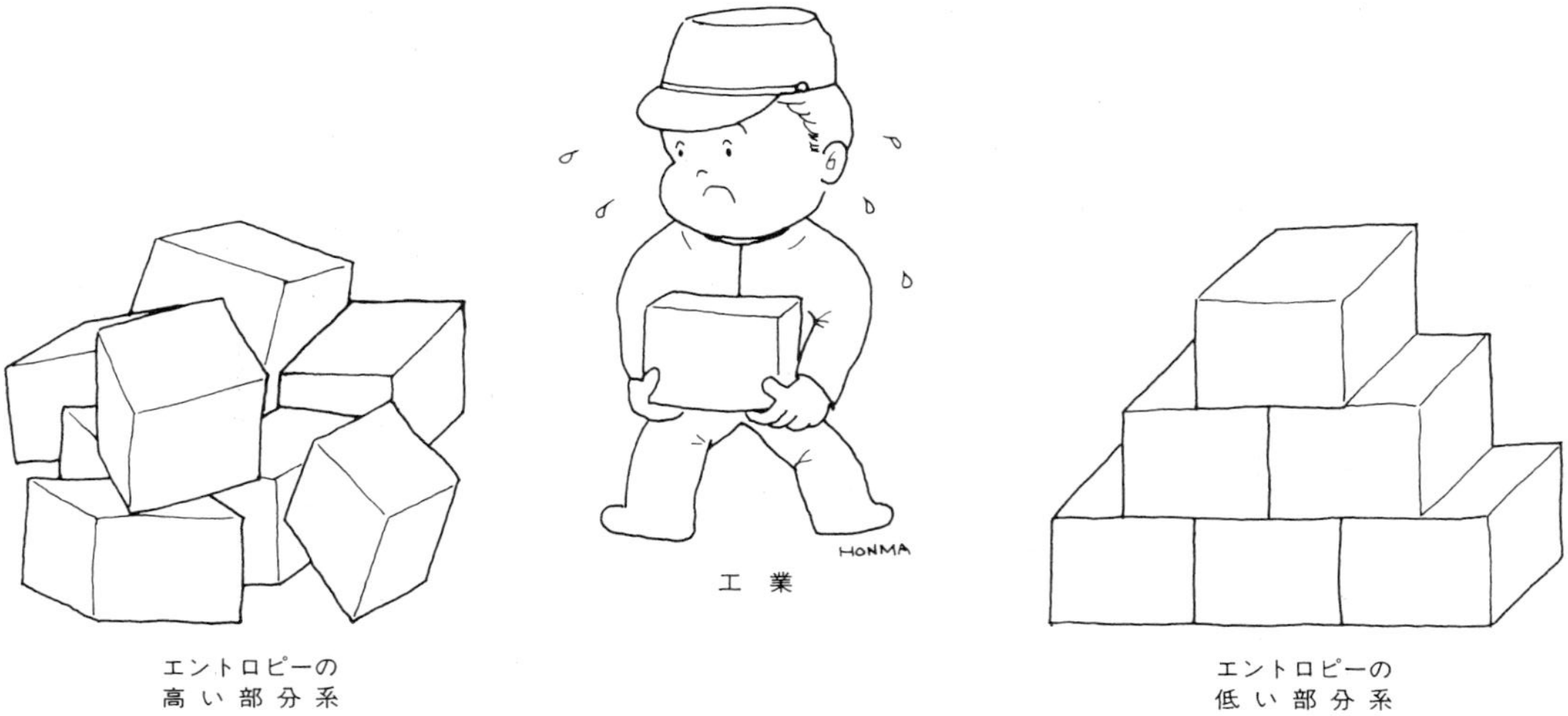

▲図 14　工業は非平衡をつくり出す．

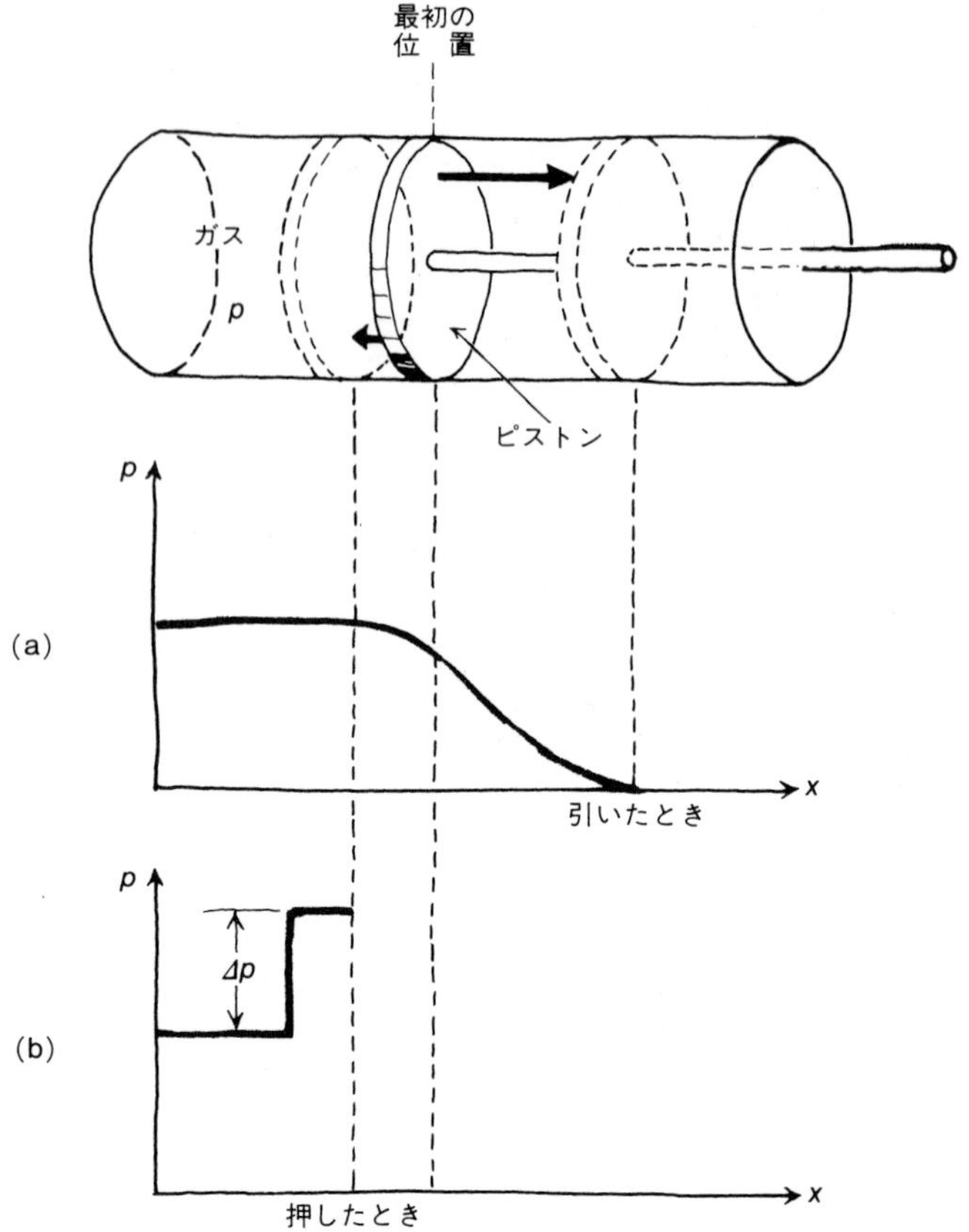

▲図 15　音速に比べて速くピストンを引いたとき（a）と，押したとき（b）の圧力分布

熱平衡へ緩和していくのは、系のもつ情報量が次第に減少していく過程だということになる。

それでは、断熱系ではエントロピー増大に伴って、Iは次第に減少し、ついにゼロになってしまうのであろうか。必ずしもそうとは限らない。ここで注目すべきことは、S_{max}の値は系に課せられた境界条件によるので、必ずしも一定に留まるとは限らないことである。境界条件が変化してS_{max}が増大するほうが、緩和過程によって$S(t)$が増大するよりも速ければ、Iはむしろ時間的に増大することになる。

もっとも簡単な例は、断熱壁に囲まれた容器にガスが入っていて、その体積をピストンで変えるというものである。ガス中の音速に比べて速い速度でピストンを引き抜くと、希薄化波（rarefaction wave）が発生し、密度分布は一様でなくなる（図15a）。このとき、ピストンの反対側のガスには、ピストンが引かれているという情報はまだ伝わっていないから、そこの圧力はもとのままである。一方、ピストンのすぐ内側の圧力は低くなっているから、ガスはピストンに対して少ししか仕事をしない。こうして、準静的にピストンを引いた場合と異なって、ガスの内部エネルギーは少ししか減少しないのに、体積だけが大きく増えることになる。

ピストンを引いた直後には、ガスの空間分布が一様でないという意味で、系は非平衡状態にある。その後、ガスは容器全体に広がるが、内部エネルギーはほぼ一定のまま体積が大きくなって、エントロピーが生成される。

これらの状況をさきほどの記号を使って述べると、次のようである。最初、ガスは熱平衡状態にあって、$I=0$であった。ついで、ピストンを急激に引くことによってS_{max}は増大したが、$S(t)$はその間ほぼ一定値にとどまった。その結果、非平衡状態ないしは情報が生成され、Iの値は有限になった。その後、系に緩和が起こり、$S(t)$は増大して、Iは再びゼロになった。

逆に音速に比べて十分速くピストンを押し込んだ場合には、ピストンのすぐ内側の圧力は奥の部分に比べて高くなる(図15b)。その情報はまだ奥の方には伝わっていないから、圧力分布は衝撃波の形になる。そして、衝撃波が存在する間は系が非平衡状態にあり、Iの値は有限になっているわけである。このとき、すぐ内側の高圧力に抗してピストンを押さなければならないから、準静的な場合に比べて、ガスはより大きい仕事をされることになる。こうして、最終的には、体積のわりに内部エネルギーが高く、エントロピーの高い熱平衡状態に至ることになる。

要するに、熱的緩和の時間尺度に比べて短い時間で境界条件を変化させると、熱平衡から離れた状態がつくられるというわけである。

準静的変化の意味

ここで逆に、「準静的変化」ということの意味を考え直しておくのは教育的である。準静的といっても、最終的には有限量だけピストンを押し込むのだから、そのことが記述できるようにして考えなければならない。

ピストンを押すと、圧縮波が発生し、それが伝わっていく。圧力pの振幅をΔpとしよう。簡単

のために、波形が（図15b）のような階段関数になるように、うまく押したとしよう。これは衝撃波である。その伝播を波面に乗った座標系で記述したのがランキン－ユゴニオ関係式であるが、振幅 $\epsilon=|\Delta p/p|$ が小さい極限では、それは音波を記述するものになる。そのような極限でエントロピー生成を計算するのは、適当なテキストを見ながらやってもらうことにしよう。そのような波が伝わって容器の中の圧力が $p+\Delta p$ になったとき、エントロピーは ϵ^3 のオーダーでしか生成されていないことがわかるであろう。

このような圧縮を無限回、より正確に言うなら ϵ^{-1} のオーダーの回数だけ繰り返すと、容器内の圧力は1のオーダーで変化する。そのとき、生成されたエントロピーの積算は ϵ^2 のオーダーにしかならない。だから、準静的だというわけである。音速に比べてゆっくり押せば ϵ の値は小さくなる。準静的というのは、音速に比べてゆっくりということだったのである。

ここで微小変化に対するエントロピー生成が ϵ の三乗になったのは、この問題に特有な事情による。一般的には、ϵ の二乗でよい。微小変化を ϵ^{-1} 回くり返して有限量の変化を起こさせても、全生成エントロピーは ϵ の一乗にしかならないからである。そのような例を二つあげてみよう。

第三章で、熱の流入によるエントロピー生成を述べた。いま、系の温度に比べて熱源の温度を常に ΔT だけ高く保ちながら、系に熱を δQ だけ流入させると、そのとき生成されるエントロピーは

$$\delta S=(\Delta T/2T)(\delta Q/T)$$

である。系の温度が高くなるのに応じて熱源の温度も高くし、温度差をいつも ΔT に等しくなるよ

うに保ちながら、有限量Qだけ熱を流入させると、温度も有限量だけ上がる。その間に生成されるエントロピーの積算値は $\Delta T/T$ の一次のオーダーであることがわかるであろう。なお、系に流入したエントロピーは当然ながら有限値で Q/T のオーダーである。これを全系で生成されたエントロピーと間違えてはいけない。

もう一つの例として、断熱壁で囲まれた単位体積の容器に温度Tの黒体ふく射が入っているものを考える。光子が微小量だけ洩れ出ると、容器中のふく射場は、薄まった黒体ふく射になる。流れ出たエネルギーを ϵaT^4 とする。流れ出たエントロピーの一次のオーダーが ϵaT^3 であることはすぐにわかる。二次のオーダーは、第七章を参照しながら分布関数までさかのぼって計算すると、$\epsilon^2(15/\pi^4)\,aT^3$ となる。

残された光子に緩和が起こって、熱平衡のプランク分布が回復されたとしよう。その温度はエネルギー保存則から計算でき、それからエントロピーも計算できる。その値から最初のエントロピーと流れ出たエントロピーをさし引くと、エントロピーが

$$\epsilon^2(15/\pi^4-1/8)\,aT^3>0$$

だけ、すなわち、二次の微小量だけ生成されたことわかる。最初の状態が熱平衡というエントロピーの極値にあったのだから、それは当然のことなのだが。

非平衡をつくるというのに、逆に準静的過程の話になってしまった。速い変化によって非平衡をつくることを本当に理解してもらうためには、準静的変化を正しく理解しておくことが前提となる

からである。ところで、自然界には、有限の速さで環境が変わり、非平衡がつくられる状況は多い。それらの例は次章で述べよう。

11　宇宙膨張とエントロピー

宇宙膨張がつくる非平衡

　クラウジウスやボルツマンは、宇宙のエントロピーは次第に増大して、ついに熱力学的な死に至るのではないかと考えた。しかし、現実の宇宙には、いたるところ非平衡状態があり、いろいろな反応や運動が起こっている。

　それでは、宇宙は最初は非平衡状態にあったが、現在は熱平衡へ向かって死につつあるというのだろうか。

　しかし、そうでないという証拠がある。一九六五年、宇宙に三Kの黒体ふく射が充満していることとが発見された。黒体ふく射のスペクトルだということは、それが形成されたとき、宇宙は熱平衡状態にあったことを意味する。だから、宇宙では熱平衡状態から非平衡状態が生成されてきたことになる。

宇宙の中に十分大きいスケールの領域を考える。宇宙は一様で等方的だとしてよいから、そのような領域への正味の熱の流入はなく、したがって断熱系だと考えてよい。黒体ふく射の温度をT、領域の半径をRで表す。宇宙膨張にともなってその領域も膨張するが、黒体ふく射のエントロピー$(16\pi a/9)T^3R^3$は一定に保たれるから、温度は半径に反比例して下がる。エントロピー生成がないのは、膨張が光の速さよりも速くはないので、準静的とみなしてよいからである。

宇宙の膨張が始まって一〇〇秒くらいのときには、10^8個の光子に対して一個くらいの割合で核子が存在していた。そして、核子の温度は光子と熱平衡にあった。温度が一メガ電子ボルト（一〇〇万電子ボルト）より高いとき、物質は核子に分かれているのが熱平衡状態である。これに対し、温度が低いときには、核子は結合状態、とくに鉄の原子核になっているのが熱平衡状態である（第八章）。宇宙が膨張すると温度が低くなり、熱平衡状態が核子から鉄へ急に置き換えられることになる。そこで、核子に分かれていたそれまでの状態が、突然、非平衡状態だと見なされるようになってしまったのである。前章のように言うと、熱平衡状態に対応するエントロピーの最大値S_{max}が急に増大したのである。

その後、核子は反応して、新しく設定された熱平衡状態へ緩和していく。この核反応は温度に対

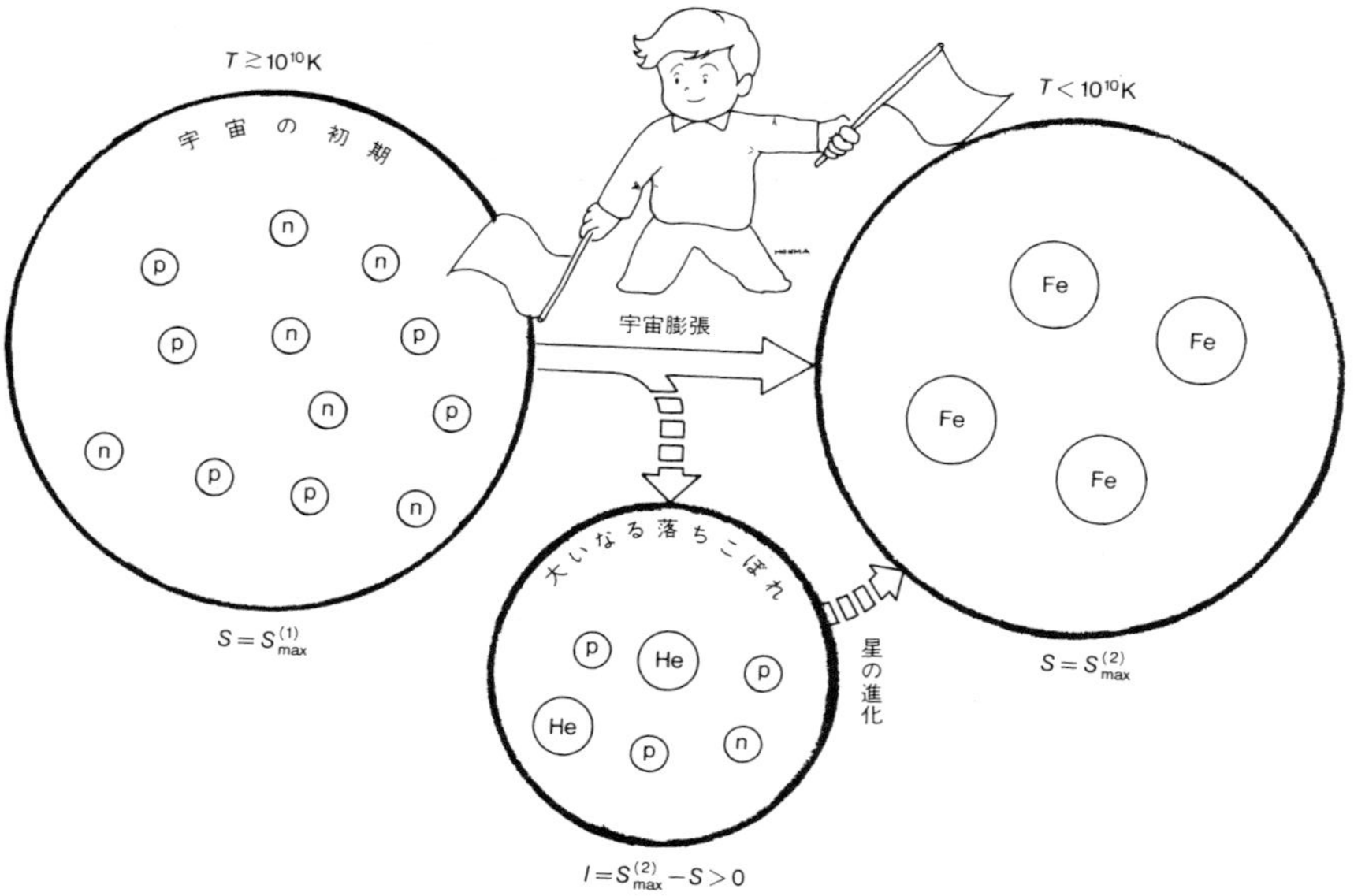

▲図 16　宇宙膨張が旗を振ってゴールを置き換え，「大いなる落ちこぼれ」という非平衡をつくった．

して敏感である。温度の高いうちは、反応は宇宙膨張よりも速くすすむ。しかし、温度が少し低くなると、実際上、反応は進まなくなってしまう。こうして、温度が低くなってしまうまでに鉄という新しい熱平衡状態に到達するどころか、二〇パーセントあまりがヘリウムになっただけで、反応は凍結されてしまった。残されたのは、すべての物質が鉄にはなっていないという意味で、非平衡状態である。

その後、温度が四電子ボルトくらいに下がったとき、電子が再結合して水素原子になった。そのため、ふく射と物質との相互作用は宇宙膨張の速さに比べて遅くなり、ふく射と物質とは異なる温度をもつようになった。これも非平衡の一つである。そして、温度の高いガスはふく射を放出して冷えることができるようになった。

重力熱力学的につくられる非平衡

ガスが冷えるとその圧力は下がる。すると、ガス塊は自分自身の重力によってつぶれ、天体となる。

第九章で述べた重力熱力学系の典型は恒星である。星の表面から十分離れたところを仮想的な断熱壁で囲み、その内部を重力熱力学系だと考えればよいわけである。系の内部で温度は一様でなく、星の中心部から外に向かって温度が下がっている。それは重力熱力学的不安定が有限振幅に成長したところに対応する。ニュートン重力の範囲内では、そのような系にエントロピー最大の状態はなく、S_{max} が無限大だということは前に述べた。

宇宙には、そのような重力熱力学系が数多く存在すると考えてよい。そのような系として星が形成される条件になったということは、宇宙の物質全体ついても、S_{max} が無限大にリセットされたことになる。これに対し、星が生まれる以前にガスが一様に分布していた状態は、水蒸気で過飽和になったガスに似ている。そこに核があると急激に水滴が成長するように、宇宙のガスも、星と星間空間という非一様な物質分布に相転移するわけである。

星が自分自身の重力で収縮していく過程は、重力熱力学的カタストロフィーの進行そのものである。重力熱力学的な比熱は負だから、星から外の空間へ熱が流れ出るのに伴って、星の内部の温度は上がる。それに伴って星は収縮していくが、そのさい解放される重力エネルギーは星の内部の温度勾配にしたがって外へ向かって流れていく。

星から単位時間あたりに出ていくエネルギー、すなわち光度をLで表す。この熱輸送という非可逆過程によって生成されるエントロピーは単位時間あたり $L\langle 1/T\rangle$ の程度である（$\langle 1/T\rangle$ は星の内部の温度の調和平均）。一方、星からまわりの空間に流れ出るエントロピーは L/T_s である。ここで T_s は星の表面温度とする。両者を比較してわかるように、星はエネルギーを捨てるにつれて、そのエントロピーが次第に低くなっていくのである。

星のまわりの空間のふく射場には、L/T_s の割合でエントロピーが流れ込む。そのほかに非可逆過程が起こらないとしても、その分だけエントロピーが増えるわけである。このとき、星とまわりの空間を含めて断熱壁で囲んだ全系では、そのエントロピーが時間とともに増大しているのはいうまでもない。

恒星と非平衡定常状態

星の中心部の温度が一・五キロ電子ボルト程度になると、四個の水素がヘリウムに合成される核反応が始まる。宇宙初期の元素合成との関連でいうと、「すべて鉄になるべし」という新しい目標にもかかわらず、やり残されていた反応を、恒星の内部でやっていることに相当する。たとえば、太陽では、水素がヘリウムになる反応が半分ほど進んだ段階にあるが、この大いなるやり残しを片づける第一歩でも10^{10}年かかるというわけである。その後、星の内部の核反応は鉄が合成されるところまで進むが、その過程は星の進化と元素合成の理論として、ほぼ明らかにされている。

原子核反応で解放されたエネルギーが星の外まで流れ出るのに10^7年ほどかかるのだが、これは星の内部で反応が終了してしまうまでの時間に比べると十分に短い。そこで、星の光が原子核エネルギーでまかなわれている間は、星は準定常状態にあるとみなしてよい。このとき、星の内部に投入されるエントロピーは、核反応の起こっている中心部の温度をT_cで表すと、L/T_c の程度である。これを d_iS/dt で表そう。その熱が星の表面に伝わる過程で生成されるエントロピーと、星から外部の空間に捨てられたエントロピーは重力収縮の場合と同じである。それらの単位時間あたりの大きさを、それぞれ、$(dS/dt)_{irr}$ および d_eS/dt で表そう。星は定常状態にあり、そのエントロピー

の値は、一定値に留まるから、

$$d_iS/dt+(dS/dt)_{irr}=d_eS/dt$$

となる。

これは、シュレーディンガーが『生命とは何か』（岩波新書、一九四四年）のなかで述べた見かたと同じものである。生命体は定常状態にあるから、そこに流入するエネルギーと、そこから出ていくエネルギーとは等しい。すなわち平均的には、

$$d_iE/dt=d_eE/dt$$

である。だから生命という非平衡状態を保つ秘密は、いわゆるエネルギー代謝のみにあるのではない。そこで彼はエントロピーの出入りに注目し、それを

$$d_iS/dt-d_eS/dt=-(dS/dt)_{irr}<0$$

と表した。生命体は非平衡状態にあって非可逆反応が起こり、エントロピーが生成されているから、この式の左辺、すなわち生命体が正味に取り入れたエントロピーは負でなければならない。生命は「負のエントロピー（ネゲントロピー）」を取り入れ、非可逆過程によって生成されるエントロピーを帳消しにして生きているというわけである。

ここで大切なことは、入ってくるものはエネルギーのわりにエントロピーが低く、捨てられるものはエネルギーのわりにエントロピーが高いということである。このような描像は、生命や星に限らず広く適用することができる。

12　地球とエントロピー

地球のエントロピー収支

太陽から放射される光子は太陽内部の温度から見るとエントロピーの高い「ごみ」であるが、地球から見るとエントロピーの低いエネルギーである。以下では、地球表面の全体でかつ昼夜と一年平均した量についてだけ述べる。地球大気のすぐ外でのエネルギーフラックス（地球の単位表面積あたり）をF_Sで表すと、エントロピーフラックスはF_S/T_Sである。ここで、T_Sは太陽表面の温度五七〇〇Kである。

地球大気圏に入射した光は雲による反射、大気による吸収と散乱を受け、エネルギーフラックス

が $F_0=0.5F_S$ 程度に落ちて地表に届く。これらの非可逆過程によってエントロピーが生成される。「単位エネルギーフラックスあたりのエントロピーが増大するのだ」と言ってもよい。それを表現する温度を第七章で述べた方法にしたがって計算すると、$T_0=1\,300\,\mathrm{K}$ となる。地上に到達するエントロピーフラックスは F_0/T_0 である。

太陽放射の一部は植物の光合成など、光化学反応で直接に使われるが、大部分は地表に吸収されて $T_1=290\,\mathrm{K}$ の熱エネルギーとなる。この過程によるエントロピー生成率は

$$F_0(1/T_1-1/T_0)$$

である。この熱エネルギーのおよそ1/2は地表の放射する赤外線によって、残りは大気の対流によって上空へ輸送される。そして、最終的には、大気の上層から宇宙空間に放射される。この層の温度はシュテファン－ボルツマンの法則

$$F_0=\sigma T_2^4$$

によって $T_2=250\,\mathrm{K}$ と決まり、熱を輸送する過程の詳細によらない。大気圏外へ捨てられるエントロピーフラックスは F_0/T_2 である。

これに対し、T_1の値を決めているのは、地表から上空への熱輸送の効率である。効率が高いと、同じエネルギーを運ぶのに小さい温度差でよいから、T_1の値は低くてよい。赤外線による輸送のほかに対流というもう一つのモードがあるために、地上の温度は比較的低い値になっているわけである。

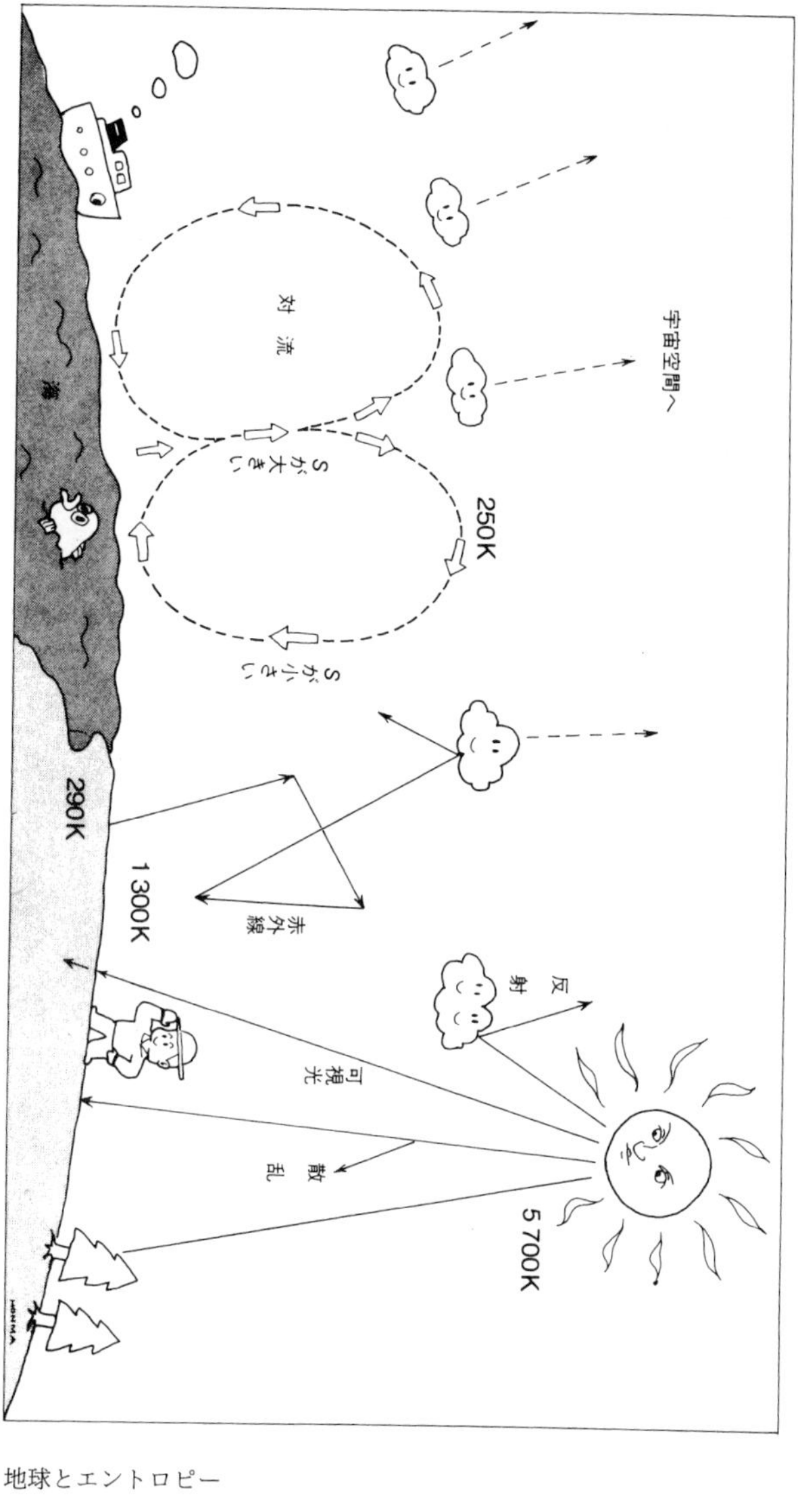

▲図 17　地球のエントロピー収支と大気圏で起こる非可逆過程

グローバルな論理と積み上げの論理

地球大気に温度差があって熱が流れているという意味で、地球大気圏は非平衡状態にある。さらに一年間について平均して考えると、地球大気圏は定常状態にある。シュレーディンガー流にいうと、このような非平衡定常状態はT_2とT_1の差から供給されるネゲントロピーを食って維持されている。ここでは、系にエネルギーが流入するところを地表面だとしたが、それを太陽放射のF_0が入ってくるところだとすると、系が食っているネゲントロピーはT_2とT_0の差から供給されることになる。

「ネゲントロピーという言葉をだしても、系の内部で起こっている過程については何もわからないではないか」と、よく言われる。そのとおりである。しかし、そのような定常状態としてのグローバルなとらえかたは、複雑な系で起こる個々のプロセスを解析していくとき、誤った考えや方向に走らないようにするという効能をもっている。

地球の場合、個々のプロセスは気象学で研究される。気象学は大気や水蒸気などの熱力学的な状態を表す（どこにあっても関係なく成り立つという意味で）局所的な物理学と、大気の空間分布や運動を解く偏微分方程式とからなっている。そして、これらを積分し、時間空間的に平均した結果が定常状態にあることを使うと、先に述べたシュレーディンガー的な見方の表式が得られる、という関係になっている。

個々の非可逆過程とそれにともなうエントロピー生成を考えよう。赤外線による熱輸送に関しては、赤外線光子の散乱、吸収、再放射が問題の非可逆過程である。これに対し、対流輸送の方はやや複雑である。まず、地上の大気は水蒸気で飽和していないから、大気中の水分子の化学ポテンシャルは水面のものより低く、非平衡状態にある。そこで、水面から有限の速さで水が蒸発してエントロピーを生成する。その大きさは、水が蒸発するときに吸収するエネルギーに（$1/T_w-1/T_d$）（T_dとT_wは乾湿球湿度計の乾球と湿球の示す絶対温度）を掛けた程度である。

地表面で暖められ、水蒸気を含んだ大気塊は上昇気流となる。気塊は断熱膨張をして温度が下がり、水蒸気で過飽和の非平衡状態になる。そして何かのきっかけで水蒸気が凝結し、水滴になる。これも、有限の速さで起こる非可逆過程だから、エントロピーを生成する。そのほか、大気塊の運動エネルギーは粘性によって散逸し、エントロピーを生成する。量的にはこれがもっとも大きい。もちろん、大気のなかの分子運動にともなう熱伝導によるものもある。エントロピー生成の総和は、当然ながら、定常状態を仮定して計算したものと等しくなるはずである。

ところで、これらの過程にともなう水の流れを使って水力発電をしたりすると、エントロピー収支の計算が変わると思うかもしれない。しかし、取り出したエネルギーをいつまでも蓄えておくのならともかく、同じ高度の層内で消費し、散逸させてしまうなら、エントロピー生成の総和は変わらない。しかも、エネルギー輸送の効率を変えることもないから、T_1の値も変わらないことになる。こうして、非平衡をわれわれの生活にうまく使うかどうかは、グローバルなエントロピー収支とは異なる、もう一つ別の事柄なのである。

逆に、グローバルな収支に影響を与えるのは、緑を切り倒して地表を砂漠化させたり、化石燃料を燃やして大気中の CO_2 の量を増大させたりして、熱輸送の効率を低下させ、T_1 の値を上げることとである。その結果、太陽放射が地表面にあたって生成するエントロピーは減少するが、大気中で生成されるエントロピーは増大する。「エントロピーやエントロピー生成率は低いほどよい」という単純な発想だけでは物事はとらえられないのである。

グローバルな非平衡と局所非平衡

物理学としておもしろいのは、水蒸気で飽和していない大気という非平衡がどのようにしてもたらされたのかという問題である。大気圏の非平衡をつくったのは地上と大気頂上という、離れた二点間の温度差であった。熱力学量の空間分布が関係しているといってもよい。これに対し、地表で水蒸気が飽和していないのは、局所的な非平衡にみえる。空間的に広がったグローバルな非平衡が、ローカルにも非平衡を引き起こすのであろうか。

ここで、グローバルな非平衡にともなって熱の流れが存在することを思い起こすとよい。それは熱伝導の方程式で記述される。熱伝導率を計算するとき、電子の分布関数は、局所熱平衡だとして定義された温度に対するマクスウェル分布から、一次の微小量だけずれているとしてとり扱われる。すなわち、一次の微小量に対応する分だけ局所的にも非平衡になっているのである。その大き

さは、電子の平均自由行程λを温度がe倍だけ変わる特徴的な長さで割ったもの、

$$\epsilon \equiv \lambda(d\ln T/dz)$$

の程度のものである。ふつうの熱伝導の問題では、この値は1に比べて十分小さい。しかし、密度の低いところでは、必ずしもそうだとは限らない。光子による輸送では、λとしては光子の平均自由行程をとればよい。地球大気では、可視光線の光子に対してϵは1に比べてはるかに大きい。赤外線の光子に対しては、ϵは1/4の程度である。これは十分小さいわけではなく、しかも波長によってその値が異なるから、大気圏外から観測した地球の赤外線放射は黒体放射からずれている。

もっとおもしろいのは、対流のようなマクロな流れにともなう輸送である。浮力を受けて上昇するガス塊は、周囲の平均場とは関係なく、ほとんど孤立して断熱的に膨張する。そして混合距離とよばれる高さだけ上昇して、周囲の物質と混ざる。このとき、平均場の比エントロピーの値が下の層に比べて上の層で低いと、その差に対応してエントロピーやエネルギーが運ばれる。

このような輸送では、λに対応するのもマクロな量であり、混合距離がそれにあたる。その値は$dz/d\ln T$の程度だから、ϵはいつでも1のオーダーになる。こうして比エントロピーの勾配の大きさが無視できないときには非平衡ができる。その結果、たとえば大気が水蒸気で飽和していないというようなことになる。

以上に述べたことは、定常的な系で非平衡ができる様子であった。しかし、見かたを変えると、

これも、第十章に述べた「環境を緩和時間に比べて速く変化させると非平衡ができる」というのと同じ文脈でとらえることができる。伝導する電子や光子、または対流塊に乗ってラグランジュ座標的に見ると、λだけ進んで衝突などを起こすときには、周囲の熱力学的状況が最初とは大きく異なっているからである。地表の大気塊が水蒸気で飽和しないうちに上昇気流となって水面から離れてしまうのも、環境の速い変化に対応する。こうして、一般に、有限の変化をともなうときには非平衡状態が形成されるわけである。このような観点から自然界を見直してみると、伝統的な描像とは異なるものが見えてきて、楽しいものである。

あとがき

本書は一九八六年四月から八七年三月まで月刊誌『パリティ』に連載した講座をまとめたものである。この雑誌はアメリカ物理学協会（ＡＩＰ）発行の『フィジックス・トゥディ』誌と提携してその翻訳も載せているが、主な記事は日本人著者の書き下ろしからなるものである。パリティの読者には、理科系の大学生も多いときく。

私の講座を本書に再録するに際して、易しく書き改めることも示唆されたが、結局は各回（章）の表題をやや易しいものに変えるだけで、内容については少ししか手を触れなかった。そこで、本書の表題は、『パリティ』編集長であり、私の旧友でもある大槻義彦氏の好みに合わせた軟らかいものだが、中味は、羊頭狗肉で、数式も現れるハードなものだと思われそうである。

私がこの講座を引受けることになった一つのきっかけは、第一章にもふれたとおり、『エントロピー入門——地球・情報・社会への適用』という書を中公新書の一つとして、一九八五年に出版したいろいろな局面で比喩的に使われていた。しかし、世間でも、大学生の間でも、エントロピーという概念は最も分かりにくいものの一つであるように見えた。実際、大学生は、それを物理でも化学でも習ったが、分かったか分からなかったかもよく分からないと言う。

実際、物理ではエントロピー概念の出てくる根拠とその体系が厳密に教えられるが、現実世界との関係が直観的に分かるまでには至らない。化学では物質のエントロピーを計算する手続きが教えられるが、どうしてそのような道筋に沿って計算すべきなのかというところまでは、十分に理解させられていないようである。そして、エントロピーの分かりにくさの最大の要因は、エントロピーはエネルギーなどと違って、非可逆過程では無から生成することにある。こういう訳で、ふつうの物理や化学の講義とは違った視点からエントロピーを解説して、その全貌を自然科学の学生でも使いものになる程度に分からせるという課題が、大槻氏から与えられた。

こうして、私は数式による構造物を呈示するのではなく、数式が出て来る裏にある考え方を理解してもらえるように努めたつもりである。したがって、個々の数式の演算は分からなくても、科学者が物理現象にどう対処し、どう理解したかは読み取ってもらえるものと期待している。

私は天体物理学、とくに自己重力系としての恒星の内部構造や、多数の恒星からなる多体系としての恒星系の力学理論を展開して来た。その関係もあって、可能な限り広いスタンスで、エントロピーの問題を捉えようとした。第一章では生命に関することまで広げようと考えていたが、今になって読み返して見ると、そこまでは出来なかったようである。それは、生命のかかわる現象はあまりにも複雑だからであるが、本音を言うと、私自身が開拓して来たこととその周辺だけでお茶をにごしてしまったのである。しかし、そのような観点からの書は、恐らく、他にはないだろうから、お許し願いたい。

私は生来のひねくれ者らしく、自己重力系のように熱平衡状態が存在しなかったり、見かけ上の比熱が負になったりする、非常識な対象が大好きである。それは私が天体物理で扱っていた系をI・プリゴジンの「非平衡熱力学」の観点から再構成した所産であるが、その際に、エントロピーとその生成という概念が大いに役立った。

しかし、私がことのほか、この問題が好きなのは、非線形・非平衡開放系における形態形成の問題は、二十世紀の物理学がやり残した最も興味ある問題のうちの一つだと思うからである。生命の問題もそのうちの一つに含まれる。社会現象には、さらに、意志決定者という要素が加わるが、その延長線上にあるものであろう。しかし、それらは余りにも難しく、私には手ごわすぎる。そこで、まずは、そのような系の最も易しく、定量的に扱える問題として、自己重力系を位置づけているつもりである。そこで養った直観とエントロピーの概念は、今後、科学がその守備範囲を広げていくときに、必ず役立つものであると期待したい。
最後になったが、このような変わった発想の講座に、毎月、一年間もつき合って下さった当時の『パリティ』の読者と、編集部の桑原輝明、千葉徹両氏に感謝する。

杉本大一郎

一九九〇年七月五日

著者の略歴

杉本大一郎（すぎもと・だいいちろう）

東京大学名誉教授。放送大学名誉教授。理学博士。昭和34年京都大学理学部卒業。昭和39年同大学大学院理学研究科原子核理学専攻修了。主な著書は「エントロピー入門」（中央公論社），「相体性理論は不思議でない」（岩波書店），「使える数理リテラシー」（勁草書房），「外国語の壁は理系思考で壊す」（集英社）。

［新装復刊］

パリティブックス　いまさらエントロピー？

平成 29 年 5 月 30 日　発　行

著作者　杉　本　大一郎

発行者　池　田　和　博

発行所　丸善出版株式会社

〒101-0051 東京都千代田区神田神保町二丁目17番

編集：電話(03)3512-3267 ／ FAX(03)3512-3272

営業：電話(03)3512-3256 ／ FAX(03)3512-3270

http://pub.maruzen.co.jp/

組版印刷・製本／藤原印刷株式会社

ISBN 978-4-621-30162-3　C 3342　　Printed in Japan

『パリティブックス』発刊にあたって

『パリティ』とは、我が国で唯一の、物理科学雑誌の名前です。この雑誌は一九八六年発刊され、高エネルギー（素粒子）物理、固体物理、原子分子・プラズマ物理、宇宙・天文物理、地球物理、生物物理などの広範な分野の物理科学をわかりやすく紹介した解説・評論記事、最新情報を速報したニュース記事、さらにそれらの話題を掘り下げたクローズアップ、科学史、科学エッセイ、科学教育などが加えられ構成されています。

この『パリティブックス』は、『パリティ』誌に掲載された科学史、科学エッセイ、科学教育に関する内容などを、精選・再編集した新しいシリーズです。本シリーズによって、誰でも気楽に物理科学の世界を散歩できるようになることと思います。

また、本シリーズには、新たに「パリティ編集委員会」の編集によるオリジナルテーマも随時追加されていきます。電車やベッドのなかでも気楽に読める本として、皆さまに可愛がっていただければ嬉しく思います。

ご意見や、今後とりあげるべきテーマに関するご要望などがあれば、どしどし編集委員会までお寄せください。

『パリティ』編集長　大槻義彦